产城融合背景下的产业园景观设计

张亚南 著

图书在版编目(CIP)数据

产城融合背景下的产业园景观设计 / 张亚南著. ——郑州:河南美术出版社,2023.10

ISBN 978-7-5401-6346-4

Ⅰ.①产… Ⅱ.①张… Ⅲ.①高技术园区-景观设计 Ⅳ.①TU984.13

中国国家版本馆 CIP 数据核字(2023)第 202682 号

产城融合背景下的产业园景观设计
CHANCHENGRONGHEBEIJINGXIADECHANYEYUANJINGGUANSHEJI
张亚南　著

出 版 人:王广照
责任编辑:张　浩
责任校对:王淑娟
选题策划:廖丽娟
封面设计:精艺飞凡

出版发行:河南美术出版社
地　　址:郑州市郑东新区祥盛街 27 号
邮政编码:450016
电　　话:(027)87391256
印　　刷:武汉华豫天一印务有限责任公司
开　　本:889 mm×1240 mm　1/16
印　　张:15
字　　数:240 千字
版　　次:2024 年 7 月第 1 版
印　　次:2024 年 7 月第 1 次印刷
书　　号:ISBN 978-7-5401-6346-4
定　　价:98.00 元

前 言

产城融合是相对于产城分离提出的一种发展理念，自 2013 年十八大会议上提出“推进以人为核心的城镇化，推动产业和城镇融合发展”后，国内学者就从不同角度对如何实现产城融合展开了研究。对于产城融合理念的内涵，学术界尚未形成公认的、系统的界定，不同的学者有不同的认识，但目前国内对产城融合理念形成的共识是它不仅针对产业与城镇的发展，也注重人的发展，要达到一种产、城、人相结合的发展状态。

产业园区作为国民经济中产业集聚的重要载体，既是区域经济发展和转型升级的空间载体形式，又是衡量地区社会经济发展水平的标准之一。随着国民经济的飞速发展，在产城融合的背景下，人们对生产、办公的产业园环境品质也提出了更高的要求。而景观艺术是提升园区整体品质和展现独特气质的重要环节，是绿色生态理念的直接体现，也是园区企业考虑是否入驻的重要影响因素。景观艺术与建筑空间的结合，会大大提升园区建筑的附加值，而其重要节点的打造又是良好商业氛围形成的关键。由于其性质和功能上的特殊性，产业园景观设计与居住、公园绿地、风景区等的类型的设计有着较大区别。如何在满足产业园自身使用功能，因地制宜创造优美空间的同时，力求做到产业园与城市在生态和人文环境上的有机交融，是本研究探讨的重要内容。

笔者从产业园四个发展阶段出发，结合我国产城融合的背景，以目前最有代表性的商务办公和科技研发两类园区为例，系统阐述了景观在产业园区中的作用，重点阐述了景观的设计理念、规划策略、设计方法以及设计要点。同时，选取了青岛、合肥、上海、南京四个地区的十个优秀项目作为案例，从不同的角度进行了讨论。例如商务型园区需要体现商务需求，因此办公空间较为集中，方便资源汇聚，信息流通。其景观设计往往需要考虑室外人员交流空间，因此常常设置较大的广场或室外公共空间。

研发办公型园区需要较为安静的环境，其景观设计注重局部环境的打造，需提供安静休息的空间和少量用于人员交流的空间。

笔者从事高校艺术设计专业教学十余年，现将产城融合背景下的产业园景观设计进行回顾与归纳总结，旨在将一直秉承与坚持的理论教学与社会实践相结合，通过系统性复盘，从而更好地服务于教学，让课堂教学更具实用性与前瞻性。

感谢所有提供项目案例的公司和为之付出努力的朋友，感谢所有关注、关心笔者成长的领导、老师和同事！

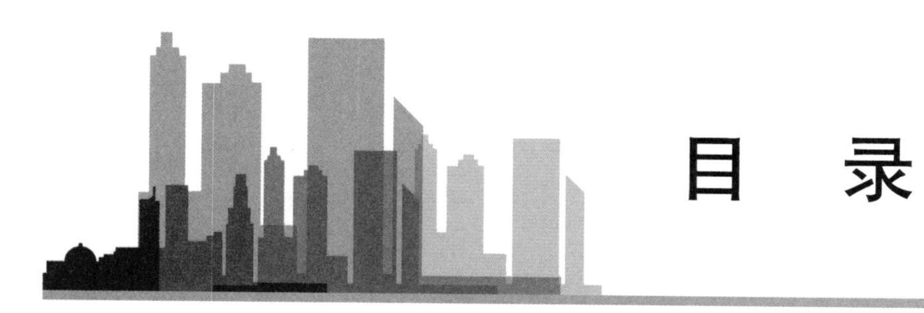

目 录

第一章
产城融合背景下的产业园

第一节　产业园区的发展历程

一、产业园概述

产业园区、工业园区、开发区都是我国经济发展的重要支柱，对我国国民经济的快速崛起和发展至关重要。但一直以来，人们容易混淆产业园区、工业园区、开发区三者的概念。的确，它们有相似之处，从不同的角度来看确实也存在隶属或包含的关系。但事实上，它们的概念和经济发展模式还是有一定的区别的。

1.产业园区，是指为促进某一产业发展为目标而创立的特殊区位环境，特点是产业特色鲜明。产业园区能够有效地创造聚集力，通过共享资源、克服外部负效应，带动关联产业的发展，从而有效地推动产业集群的形成。

2.开发区，被誉为我国改革开放的重要创举，是由国务院和省、自治区、直辖市人民政府批准，为了支持地区发展地方经济或者加快城市融合而在城市规划区内设立的，分为经济技术开发区和高新技术开发区，它与工业园区、产业园区的区别较为显著。

3.工业园区，是划定一定范围的土地，并先行予以规划，以专供工业设施设置、使用的地区，通常由制造企业和服务企业构成。工业园区，在一定程度上是工业企业的聚集区，通常没有明确的行业产业划分，这一点与产业园区存在着较为鲜明的区别。

二、产业园分类

通过上面的对比分析，我们了解了什么是产业园区，下面我们再来看看产业园区的分类有哪些。

1.按照产业形成划分，可分为主题产业园和产业开发区。

(1)主题产业园区：专门为从事某种产业的企业而设计的园区，园区的产业定位明确，是由具有一定区域产业特色的企业集聚发展而形成的。

(2)产业开发区:政府或企业在没有切实产业基础的地区,通过征用土地并完善产业基础设施,然后再通过招商与运营来形成的园区,加上优惠政策招商引资,吸引企业进驻,属于先建园区后引产业的发展模式。

2.按照建筑及功能划分,可分为生产制造型园区、物流仓储型园区、商办型园区以及综合型园区。

(1)生产制造型园区:以生产制造为主题的园区,建筑多以车间、厂房为主,其信息化主要面向生产管理和生产过程自动化的需求。

1.1.1　高新临空经济区园区

(2)物流仓储型园区:建筑多以仓库为主,主要面向仓储、运输、口岸的信息化管理和服务的需求,涵盖现代物流和交通运输两类生产性服务行业。

1.1.2　智慧物流产业园

(3)商办型园区:建筑类型包括商务办公、酒店、商务配套、会展等,其信息化主要面向安全、便捷、智能化办公环境管理,多样化的通信服务以及专业领域的信息化服务需求。

1.1.3　漕河泾四斯产业园

(4)综合型园区:包含生产制造型园区、物流仓储型园区和商办型园区三种形态在内的大型综合性园区。

1.1.4　数字经济产业园

3.按照行业区别划分，可分为物流园、文化创意产业园、科技园、生态农业园、软件园、高新技术产业园、影视产业园、化工产业园、医疗产业园及2.5产业园。

(1)物流园：是指在物流作业集中、几种运输方式衔接的地区，将多种物流设施和不同类型的物流企业在空间上集中布局场所，是一个有规模并且结合多种服务功能的物流企业的集结点。

(2)文化创意产业园：是一系列与文化关联的、产业规模集聚的特定地理区域，是具有鲜明文化形象并对外界产生一定吸引力的集生产、交易、休闲、居住为一体的多功能园区。

(3)科技园：是指性质和功能相似的一类地域组织，即大学、研究机构和企业在一定地域内的相对集中，其任务是研究、开发和生产高技术产品，促进科研成果就地转化，是科技—工业的综合体。

(4)生态农业园：是指以推进农业现代化进程为目的、以现代科技和物质装备为基础，实施集约化生产和企业化经管，集农业生产、科技、生态、观光等多种功能为一体的综合性示范园区，是农业示范区的高级形态。

(5)软件园：是专门为促进我国软件行业快速、健康地发展而设计的园区，园区的产业定位明确。

(6)高新技术产业园：是为发展高新技术为目的而设置的，主要依托智力密集、技术密集和开放环境，最大限度地把科技成果转化为现实生产力而建立起来的集中区域。

(7)影视产业园：是以影视制作为核心打造影视制作工业体系，具体建设影视传媒、数字内容、创意设计等产业规模集聚的特定地理区域，具有鲜明的文化形象。

(8)化工产业园:主要以石油化工产业为基础,并服务于石油化工产业。

(9)医疗产业园:以医药医疗器械产业作为功能定位的园区,致力于发展医药医疗器械生产研发中心、科研成果转化基地和物流集散中心。

(10)2.5产业园:指集聚介于第二和第三产业之间的产业的园区,既有服务、贸易、结算等第三产业管理中心的职能,又具备独特研发中心、核心技术产品的生产中心和现代物流运行服务等第二产业运营的职能。

三、产业园建设类型与投资主体

产业园区作为产业聚集的载体,既是区域经济发展、产业调整升级的空间承载形式,又是地区社会经济发展水平的衡量标志,它肩负着聚集创新资源、培育新兴产业、推动城市化建设等重要使命。中国产业园区建设类型与投资主体主要有:

1.政府建设管理模式。

我国早期开发建设的产业园基本是由政府主导和投资的,通常由政府成立一个机构,挂两块牌子,一块是园区管委会,另一块是国有性质的开发建设公司。园区管委会负责宏观规划、政策管控、行政管理和园区招商,基建、经营事务则交给开发建设公司负责。伴随园区经营逐渐走向规模化和规范化,园区管委会的行政管理功能日趋完善,开发建设公司的专业化分工日趋明显,衍生出市政建设、地产开发、物业管理、商业服务、企业孵化、产业投资管理等众多专业公司。此类模式的代表园区有北京中关村科技园、上海张江高科技园区、天津经济技术开发区、苏州工业园、武汉光谷等。

2.企业建设管理模式。

伴随工业地产和产业地产的迅猛发展,各地相继出现由工业地产商或产业地产商开发建设的产业园,这类产业园既有国有背景的公司,也有外资企业和民营企业。它们开发建设的园区包括物流园、工业园、科技园、文化创意园和产业新城等。早期企业主导开发建设的产业园区大多位于大型产业园区内,属于“园中园”“子园区”,这是因为“子园区”的产业政策、产业运营还需依赖区域政府或园区管委会(母园区)。

近期企业投资开发建设的很多产业园区规模较大,独立于城市一隅,投资商、运营商自行承担园区运营与企业服务功能。此类模式的代表园区不一而足、各领风骚。例如以下几类:

(1)外资投资运营商新加坡腾飞集团、美国AMB、普洛斯集团专营的物流园。

(2)以产业运营见长且拥有多个典型案例的清华科技园、大连软件园、中关村科技园。

(3)以自建自用为主并兼顾产业链营造的中兴产业基地、海尔产业园。

(4)产业地产开发商模式的中电光谷、联动U谷、天安数码、中南高科。

(5)还有传统地产商转型而来的万通工社等。

四、产业园发展过程

我国产业园从深圳蛇口工业区诞生开始，到各地开发区、高新区如雨后春笋般涌现，再到孵化器建设如火如荼。而当下产业新城、产业地产也呈现出风起云涌的发展态势，中国的产业园区大体上经历了四个发展阶段。

1.产业结构单一的劳动密集型产业园(1978—1989年)。

1978年，中国第一个对外开放的工业园区——蛇口工业园创立。“园区＋地产”即产业园的商业模式第一次出现在世人面前。之后，产业园如雨后春笋般迅速崛起，成为许多地方政府与地产企业的核心生产力。

这一阶段的产业园园区发展基础十分薄弱。在传统观念的束缚下，园区远离了母城，不仅缺乏最基本的生产条件，也无法借力母城已有的产业基础。同时，由于当时中国还在改革开放的初期，国内的各大工程都在开工，相应的建设资金的支持相对短缺；此外，由于引资工作处于起步阶段，也导致了产业园的资金缺口较大。尽管这一时期的产业园整体还是以规模较小、技术含量低的劳动密集型产业为主，但是对于我国整个产业园的发展来说却是十分重要的。其开辟了经济发展新模式，把“产业园”理念从纸上到落地实践；产业园之间的相互借鉴、学习，也为产业园区的建设发展提供了参考模板。产业模式上，中国第一代产业园区是随着改革开放的浪潮而出现的，主要以低端劳动密集型产业为主，其产业园的功能和形态比较单一，仅是以满足企业的生产制造功能为主。

2.升级版的高新技术产业园(1990—2000年)。

1992年，邓小平同志南方讲话，为产业园区的发展带来了新的机遇。我国沿海地区掀起新一轮对外开放和引进外资的高潮，产业园发展迅猛。1999年，国家实行完全的分税制，出口退税、利用外资的调整，使得大批沿海地区的产业园发展遇到了新的挑战。产业模式上，园区的引进外资项目的质量明显提升。一方面，许多国际知名企业、跨国公司入驻，并带来上亿美元的大项目；另一方面，引进项目的技术含量和技术水准明显提升，不仅填补了我国同行的技术空白，还直接推动了我国工业现代化进程，成为重要的经济增长点。

随着汽车制造、生物制药等产业进入，高新技术产业概念兴起，各类经济技术开发区在全国铺开，科技研发、商务办公等功能开始出现，资本和技术密集型产业得到发展，有效促进了各地产业结构的升级。

3.功能复合的综合性园区(2001—2010年)。

2001年，中国加入了世贸组织，进一步增强了我国产业园与世界经济的联系，这一时期的资本疯狂占领市场，产业园也得到了迅猛发展。由于产业园扩张速度较快，

且管理不规范，2003 年和 2005 年，国家对全国范围内部分产业园区进行了整顿清理，使其由 6866 家减少到 1568 家。发展模式上，产业园区呈精细化发展趋势，衍生了物流、金融、商务等生产性服务业，并向生产制造企业周边集聚，开始形成完整的上下游产业链，走向了功能复合化发展之路。

4. 产城融合的复合型园区(2011 年至目前)。

2011 年，国务院发布了《国务院关于印发全国主体功能区规划的通知》，加快产业园转变经济发展方式，促进产业园经济长期平稳较快地发展。发展模式上，相比 21 世纪前十年的产业园区，除了厂房、办公楼、商务酒店之外，商业、学校、医院等业态共生出现，不仅在功能上全面切合城市发展需要，在环境的打造上也更加宜居，在吸引和留住人才方面更加有效。

五、产业园区的管理模式

1. 政府主导模式。

优势：在产业园核心功能、产业运营和产业资源上具有得天独厚的优势，并拥有丰富的园区建设、招商、运营等管理经验。

劣势：政府机构、国有化背景往往预示着其市场化运作不足，在产业引导中行政意识影响较强，创新意识和创新能力有待提高。

2. 企业主导模式。

优势：机制灵活、管理效率更高，面对激烈的市场竞争，投资商或运营商时常会灵光乍现，形成个性化的管理模式。

劣势：在产业运营和产业资源上不具有先天优势。企业往往也缺乏产业引导培育能力，很多主导建设单位往往停留在“开发商”和“房东”的角色上，如何提升产业运营能力和盈利水平是其需要攻克的难关。

现在一些区域的园区也有政企联建联管模式。个别产业地产开发商还在尝试产业新城的 BOT 模式(建设—经营—转让，是私营企业参与基础设施建设，向社会提供公共服务的一种方式)。

第二节　产业园区走向产城融合的必然性

在城市建设不断进步的过程中，产业与城市的关系经历了几个阶段，传统的产业园区以单一功能为主，在发展进程中逐渐暴露与城市发展脱节、职住分离等弊端，在一定程度上制约了产业园区的产业升级与经济发展，无法跟随区域格局变化及新的经济发展挑战。数字经济时代的当下，传统产业园区已成为过去式，想要实现产业发展与城市规划相互促进，建设生态、集聚、完善、融合的产业园区，就得由原来的单一运营模式向“产城融合”模式发展。为解决此类问题，“产城融合”顺势而出。

一、产城融合概述

产城融合是指以城市为基础，以产业为保障，产业与城市融合发展，承载产业空间和发展经济，驱动城市更新和完善配套服务，以达到产业、城市、人之间有活力、持续向上发展的模式。它是在我国转型升级的背景下相对于产城分离提出的一种发展思路，要求产业与城市功能融合及空间整合，“以产促城，以城兴产，产城融合”。城市没有产业支撑，即便再漂亮，也就是“空城”；产业没有城市依托，即便再高端，也只能“空转”。城市化与产业化要有对应的匹配度，不能一快一慢，脱节分离。

1. 发展背景。

21 世纪伊始，中国在城镇化方面取得了积极的进展，但快速城镇化也带来了许多问题。由于中国区域经济发展不平衡的事实和事物运动惯性的影响，我国城镇化发展还存在不同程度的不平衡性。一些城市出现“鬼城”“睡城”“空城”等城市病，一些超大、特大城市非常规过度化发展，有些城市还存在严重的环境污染和交通拥堵等现象，这种传统的“工业化带动城镇化”模式已不再适用。

2. 发展历程。

“一五计划”开启了大规模的工业化，大量乡镇企业缺少统一规划，呈现“满天星”式的布局，散落在村间民舍，造成城市化滞后于工业化的现象，并造成了工业化中一定程度的资源浪费和环境污染问题。

20 世纪 80 年代，由于“退二进三”的实施，工业企业陆续转移到郊区，新引进的工业项目也主要布局在郊区，逐渐聚集在了专门设定的园区，但是其功能结构和产业结构单一，与区域发展脱节，存在就业人群与消费结构不匹配等一系列问题，随着时间的推移，这些问题越来越制约园区本身的发展。

在转型发展的新时期，伴随着全球化的深入推动、产业转型升级的发展要求以及城市空间的不断生长，产业园区需要为转型发展寻求一种新的思路——“产城融合”。在进入了“十二五”之后，一个重要概念——“产城融合”被提出，同时拉开了新型产业园区发展的序幕。

产业与城市发展的最终模式，以城市为基础，承载产业空间和发展产业经济，以产业为保障，驱动城市更新和完善配套服务，达到产业、城市、人之间有活力、持续向上发展的模式。产城融合更多的是在中国大规模新城新区建设背景下提出来的，其内在的机理实际上是城市的本质、功能在区域经济动态发展中的体现。

二、产城融合实现的发展路径

1. 产业园区化：集群发展，聚力成长。

产业园区的定位与规划，需紧跟未来城市发展诉求，不断促进园区智能化、运营管理的信息化建设，完善配套服务设施，打造创新型产业生态体系，聚集高端产业，实现园区化发展，共同助力抢占未来高地。

2.园区城市化：深度服务，共享资源。

园区的内部规划不能再局限于简单的空间结构，而要围绕企业与人才的需求，构建深度服务、共享资源的平台，助力企业与创新人才共同成长；打造一体化生活服务体系，满足园区人才工作、居住、休闲的需求，形成良性循环的产业生态城。

3.城市现代化：以城兴产，支撑产业。

产业园区可以充分发挥周边交通枢纽、生态人文景观、多元的现代化配套服务、行业龙头企业的优质资产端优势，以及优质的企业人才政策，充分发挥园区"产业"招商、吸引人才的新优势，让产业园区成为宜居宜商宜投资的现代大城。

4.产城一体化：高度融合，持续发展。

面对未来的发展，不论是城市还是产业新城，都不再是单独的个体，而是城市规划配套符合产业发展，产业规划发展嵌入城市发展，形成产业与城市高度融合、相互促进的模式，共同迈向高质量发展的时代。在当前经济快速转型的形势下，新的产业、新的模式将不断涌现，而这些新产业的形成除了需要不断提高自身研发投入水平，还需要以城市为基础的支撑服务，打造具有园区特色的生态宜居环境。通过资源运营、扩充服务范围增加运营收益，助力园区运营形成园区特色生态圈模式；结合当下园区产城融合新发展模式，以园区生态赋能产城融合，在园区软硬化设施的基础上引进社会服务资源，推动城市化建设。

总之，产城融合的产业园更注重园区的生态产业体系的构建，致力打造汇聚住宅区、商业街、办公楼、休闲区、娱乐于一体的城市综合体。接下来，将集中以与产城融合更为紧密的商办园区为例，进行理论与实际案例项目的探讨。

第二章
产业园中的景观设计

景观，属于视觉美学概念的词汇，具有观赏休闲、艺术审美等特点。随着时代的发展、科学技术的进步和新材料的使用，加上现代艺术风格的影响，"景观"也被赋予了新的内涵和意义。产业园景观区别于居住、风景旅游、公园景观，根据产业园的属性和入驻园区的企业的不同，产业园中的景观设计也具有特殊性和针对性。

第一节　产业园中景观设计的作用

随着我国经济中的产业升级，各类产业园在空间布局上越来越趋向于城市功能，尤其以服务业和科技研发类为代表的商办和科技产业园最为明显。由开始的交通导向到基石企业、产业集群的导向，再到城市功能和产业功能导向，产城融合应运而生。而产业园与城市的融合是多维度的，包括让园区融入城市生活，让园区成为城市生态的一部分，以及让园区具有城市的复合功能、形态甚至于生态。

既然融入到城市中，那么产业园区的建设不仅要满足自身的使用，同时更要注重园区景观环境的打造，良好的景观对提升园区形象、弘扬产业文化、体现产业特色、促进产业的发展都具有重要意义；同时积极向城市开放，打破围墙壁垒，拥抱城市，吸引员工以外的人群在闲暇时进入到园区中，共享优质的景观和环境。那么产业园中的景观都有哪些作用？

一、生态绿化作用

在工业制造类的产业园区中，景观通过绿植的设计，可以起到部分净化作用，一定程度上体现出助力生态环保的功能。使用可再生的材料进行铺装、装饰，通过生态绿化的方式和手段降低工业制造带来的各类污染等。这种使用绿化手段处理生产过程中的废物的方法，已经成为现代化制造园、物流园中景观绿化中的常规做法。绿色

植物的种植确实一定程度减少了园区生产、运输带来的噪音污染、光污染、空气污染、视觉污染和嗅觉污染。

在商办和科技产业园中，植物配置需要做到丰富多彩，以体现植物的实用功能和造景功能、凸显植物的生态效益及环境效益。通过结合园区规划和建筑，以建筑楼层绿化、建筑墙体绿化、屋顶绿化、道路绿化和小广场绿化为重点，合理搭配绿植，如乔木、灌木和草皮、常绿树和落叶树、阔叶和针叶树、大树和小树的比例，从而实现植物多样的观赏特性，形成层次清晰、色彩丰富的生态群落景观。

二、功能划分作用

产业园区类型众多，商务办公、科技研发、中试、检验检测、商务配套、酒店、公寓等功能属性繁多，景观可以借助不同的道路组织、绿化组团、地面铺装、功能性设施，将各个区域内的景点串联和分割，结合景观广场中公共艺术品的集聚作用，有效地解决园区中的生产、生活和生态的功能划分不清的问题。

三、导引导向作用

导引导向作用是指景观在现实构成形态上具有明显的方向感与指向感，同时在观者精神上的具有导向性。一方面，景观设计的思路是根据产业园的发展方向、自我目标实现来定义园区景观，所以园区的景观设计须求同存异，以实在的景观元素来表现园区的内涵文化，在宣传和彰显园区形象的同时，又不拘泥于特定的历史性，利用现代化的表现手法和设计理念，给予人舒适和生态的景观环境。另一方面，在园区造景中，可以运用近景、中景、远景来引导视线的停驻、转换和流动以及增强目的地的可达性。在园区的出入口和建筑的出入口可以利用广场公共艺术、景观节点、小品、道路、树木、花池、路标、路灯等引导人的流向，使人的视野处于变化当中，从而保持视觉的新鲜感。

四、阻隔防护作用

在产生噪声和污染的区域，种植具有吸收噪声和化学污染的植物，起到阻隔和吸收噪声以及杀菌的作用，能减少有害气体对环境的破坏。除了运用挡土墙外，高大植物的种植也能起到防风和加固土壤的作用。在园区休闲区域的设计当中，应当争取好的采光环境，炎热季节应该有足够的绿化和绿荫以及荫庇的构筑物，以方便人们的活动交流。另外，园区建筑物和公共艺术小品应该避免采用亮面金属、玻璃等高反射性材料，减少光污染，对人的视觉起到保护的作用。

五、休闲游憩作用

现代产业园区引入“景观游憩”功能，改变人们对园区的单调、呆板的印象，提升人的工作生活质量。景观设计能使园区美观、舒适、干净无污染。工作之余，游憩其中，能使人心情愉悦，从而提高员工的积极性，提高员工的工作效率，更能增强工作人员的自豪感和归属感，体现企业对员工的人文关怀。

六、塑造形象作用

经济发展迅速的今天，园区中的企业有着丰富的内涵，具有社会性、地域性、民族性、历史性等特征，每个成功的企业都有着鲜明的特点及不同的价值观。如果说价值观是企业文化的核心部分，那么，园区企业形象就是企业文化最外层的表现形式。企业形象包括外部形象和内部形象。外部形象指企业的名称标志、建筑形态、口语标号、文化礼仪、知名度、美誉度等；内部形象指企业风尚和工作氛围等。而园区景观设计则多侧重于企业外部形象和周围环境，以建筑立面色彩来彰显企业特点，以特殊建筑形式和 logo 来表达企业特色，以园区绿化来改善企业工作环境，以公共艺术来表现企业文化和内涵。

七、启发创新作用

随着人类文明的发展，景观艺术作为一种精神领域的元素被大众追求，来改变自己所生活的环境，使其更具艺术性和视觉美感。产业园景观作为人们的生活环境也被人们赋予艺术色彩，满足精神需要，体现人文关怀。但是这种视觉审美不仅仅是对形式美的追求，而且是强化对美的共同追求，使景观和建筑有更大的融合，通过景观设计把审美上升到人的生存范畴，结合地域文化和时代特征，探索新的有序、和谐的景观环境。

如在科研办公园区环境中，园区服务主体是科研技术人员，他们的主要任务就是创新。随着技术的复杂性增加，参与技术创新的主体也越来越多，主体之间的相互关系也更加复杂多变，早期产业化社会的刚性组织形式已不能适应高新技术发展对灵活性的要求。大量积聚的创新主体需要一种促进彼此接触、相互交流合作的外部环境，这就是创新环境。利用园区的景观环境，营造一个良好的创新环境，便于工作人员的非正式交流，提高其工作效率，促进技术的研发。

第二节　产业园景观设计理念

一、生态性理念

1. 可持续发展。“可持续发展”理念在中国深入人心，它主张持续建设资源型、环境友好型社会。以生态理论为指导，园区景观设计也要推陈出新，遵循可持续发展的景观生态学原则，设计出层次丰富、结构合理、功能齐全的科学植物群落和人性化景观，优化园区景观结构，缓解其对生活环境的破坏，建立新的环境秩序，保证人的生活环境的质量，达到生态、科学、文化和艺术的统一。

2.3R 的引入。“3R”，即 Reduse，Reuse，Reoyle 三个原则。Reduce 是指在园区的景观设计中，使用减量化和排放减量化的设计方法，在设计生产的过程中减少投入生产和消费流程的物质量，减少对不可再生资源的利用，并且减少污染和废渣的排放；Reuse 指再利用，即重新利用废弃的土地，包括植被、土壤、砖石、废弃公共艺术以及废旧景观构筑物等赋予新的功能、形式和意义，大大节约资源和能源的耗费，充分利用原有工厂设施，进行生态设计恢复；Recycle 是指再循环，园区建立回收系统，把废弃的产品或者设施进行收集和分离，重新治理、包装进行利用，其主要是水的循环利用、污水的处理、雨水的收集，在园区水景设计中，一般都是利用经过处理的中水，以减少成本和资源的浪费。

二、人性化理念

工业文明给人带来现代化的生活方式，即高效率、快节奏，周围的生活环境也随之变化。园区景观在过去的一段时间内的表达方式是简约的，目前国内新规划的产业园区也开始重视景观环境，但是只停留在绿化层面上。人们对自己的工作和生活环境的要求越来越趋向于回归自然，支持园区景观与大自然融合，肯定景观形式的变化性和内涵的多义性，以满足自身的多样化需求。

三、创新性理念

自由交流所激发的灵感也成为创新景观设计的源泉，相应的景观设计应强调变化、弹性，具体包括：将更多的景观要素纳入设计当中，用多种形式表达个性化设计，强调景观的内涵与视觉效果；改变思维定势，注重探索性，肯定弹性、模糊、不确定设计的价值；使虚幻世界与现实世界并驾齐驱，以多种尺度塑造创意空间；对景观设计进行创新，包括建筑形式和园区绿化，以得到全新的景观视觉享受，以及园区内建筑厂房的设计，虚实呼应，前景和后景的关系，景观节点的导向性，解构主义的构筑物等等，都是园区景观的创新元素。另一种创新是新想法、新技术的使用，创建全新型产业园区，主要吸引那些具有“绿色制造技术”的企业入园，并创建一些基础设施，使得这些企业可以实现废水废热等的交换。

四、技术性理念

景观设计在满足功能的前提下，充分利用高科技提供的一切可能性，尤其是园区景观设计应该紧密结合现代科学技术。其具体表现在技术理性和技术美感两方面，技术理性是指技术应着手去解决人口增加、资源减少、环境变化的问题。例如，2000 年，德国汉诺威博览会的太阳能发电站，通过太阳能产生大量电能，原本上升气流的混凝土管被设计成一个透明的、新潮的、高 176 米直径 7 米的玻璃管，通过玻璃和其他高技术材料的结合，以及对现代建筑技术的运用，建立起一座无与伦比的、自支撑结构的玻璃塔，成为汉诺威博览会上景观视觉中心的象征。

五、艺术性理念

随着历史的发展和时代的进步，景观设计更多地体现出一种对视觉文化的自觉，这也是对景观艺术设计本体认识深化的一种表现。总而言之，从视觉艺术的角度来审视园区的景观设计，所以发现它不仅仅是完全附属于具体形式特征，而更多地体现了由视觉经验所呈现出的物质文化、精神文化内涵。以视觉形式以及物质文化、精神文化的角度探讨和理解园区景观设计形式，或许会更有利于景观设计的发展。

第三节　产业园景观设计策略

为全面提升产业园区的竞争力，提升园区审美属性，构建更为舒适的工作场景，近年来，产业园区规划过程中，需要突出审美导向，通过合理塑造社区景观，实现空间要素的合理化应用，营造更为舒适、更为和谐、更为高效的生产氛围。这就需要细致梳理产业园景观设计思路，明确园区景观设计主体目标，框定景观设计核心要素与关键环节，推动产业园景观科学设计，切实满足产业园区生产、生活的基本要求。

一、构建多层次绿地系统

规划城市结构性绿地运用环状绿地、带状绿地、楔形绿地和绿廊相结合的模式。环状绿地指的是环城水系、高速路或快速路防护绿带。楔形绿地指从城市各个方向由外到内延伸的生态绿楔。绿廊是由河流、铁路、道路绿化带等开放空间形成的通风廊道。多层次的绿地结构不仅为市民提供休闲娱乐的聚集场所，从更深层次上来说，它也为城市的防洪排涝、水体净化、气候调节做出了极大的贡献。

二、营造无界多功能的场所

科学技术的提高，促进了产业园区景观和环境功能的全方位发展，主要体现在产业园区开放空间体验性功能的提升、信息服务功能的灵活高效、设施服务功能的多样化。产业园区的空间边界开始被削弱，产业园区内外空间的界面得到延伸。例如部分开放空间中室内室外的界面愈发模糊，地上开放空间与地下空间的有效连接使得开放空间的系统化利用得到提高，形成深入各处的公共空间网络。

三、精准把握景观设计目标

产业园景观设计作为一种成熟的设计模式，强调区域功能的协作与互补，提升空间要素之间的关联性，将景观要素纳入到区域环境之中，推动园区可持续健康发展。从理论角度来看，产业园景观设计主要包括景观环境形象塑造、环境生态绿化构建以及大众行为心理满足等三个不同层次的目标追求，通过对目标追求的统筹，确保景观审美价值充分展现，兼顾景观使用价值与审美价值，为产业园区生产活动高质量开展

营造良好条件。以某产业园区为例,在景观设计环节,进行景观设计的有益尝试,立足视觉感知维度,合理运用空间实体要素,采取“一带两片”的景观布局方式,设立绿色走廊带,串联休息区、工作区等功能分区,将“工业印象”“城市表情”衔接起来,通过简单的材质、线条,运用简洁的设计语言,创设趣味化、时尚化景观,形成更为活泼、更为安逸的工作环境,从而为工作人员营造出良好氛围。

四、实现产业园景观要素综合运用

在产业园景观设计过程中,应当综合运用自然元素、人文要素,综合动植物资源、气候资源、水体资源,融合采光、温度、湿度、噪声等要素,实现景观高效规划,打造更具吸引力的景观模式。例如根据所处区域的植被特点,选择恰当树种,进行植物景观打造,持续增强花园式景观的亲自然性,同时根据植物所处环境,组织人员对植物造型作出调整,加强植物景观的融入效果,提升景观审美价值。充分利用产业园所处生态位,遵循因地制宜原则,把握景观与环境、景观与人员之间的联动关系,逐步形成结构合理、功能齐全、种群稳定的复层群落结构,实现园区景观的私密性与公共性,为休闲娱乐、生产工作提供环境支撑。

第四节　产业园景观设计方法

产业园景观设计工作有序开展,要求设计团队遵循基本设计思路,从多个维度出发,改进创新设计方法,通过空间要素整合,形成最优化设计方案,稳步提升产业园景观审美效果。

一、设计工作流程

从项目所在地及地域文化性上进行分析,通过场地的历史文化情况分析出场所精神、特色,在上位规划及城市规划的肌理上进行项目的定位,注重功能、生态与文化。假设员工或客户由外环境进入工作场所是一个“必须过程”,把这一过程概括为多种方式:

方式一:人→道路系统→建筑内空间;

方式二:人→道路系统→景观空间→建筑内空间;

方式三:人→车→道路系统→建筑内空间;

方式四:人→车→道路系统→景观空间→建筑内空间。

在这些过程中,人是整体环境的主要参与者和体验者,道路系统具有导向功能,串联起各个不同性质的环境空间,建筑内空间是相对目的地,景观场地属于过程功能空间。如何定位这个“过程功能空间”是商务办公景观空间设计的关键。

1. 整理场地周边现状，明确建筑各出入口的位置及功能；

2. 结合整理出的现状条件，绘制场地的初步流线路径，形成环状流线；

3. 结合建筑的各出入口与建筑功能空间，并配合初步的流线划分，在场地内大致划分出不同尺度的景观功能空间；

4. 根据建筑的造型或城市肌理，推演出合适的场地形式，进一步优化场地流线的形式，以及景观空间的形式；

5. 根据企业文化、企业 logo、场地使用目的，选取其中合适的元素，丰富景观设计的细节与内容，运用到铺装、雕塑小品及使用空间的构型中；

6. 将大致成型的方案进一步优化，控制各使用空间的尺度关系与形式关系，使其与建筑形成相互呼应的结构美感和流畅的场地动线。

二、周边现状条件的处理方式

调查了解场地周围的环境，包括场地周边的建筑性质和外形特点、场地的交通分析、绿地主要的服务人群及人流活动情况，针对场地使用者的年龄、爱好活动及绿地使用时间，希望场地能给予怎样的活动空间和环境氛围展开调查。

1. 处理与市政道路的连接面。形成企业形象展示带，利用场地与市政道路的高差，营造丰富的竖向空间；利用植物形成绿色隔离带，隔音降噪，保证办公区的相对私密性。

2. 处理场地内采光井设备间等设施的遮蔽与美化。结合场地内部景观，形成垂直绿化景观，或用格栅结合绿植遮挡；结合景墙形成文化展示墙。

3. 处理建筑与场地间的高差。结合水景形成具有仪式感的台地空间；结合种植池形成层次丰富的竖向空间。

4. 处理场地内部的高差。形成下沉空间，结合台阶成为聚集人气的集会空间；台阶结合草地形成形式感强的展示空间。

5. 梳理建筑出入口，规划合理流线。

三、合理设置产业园空间景观

在产业园景观设计中，应当根据产业园总体布局，采取灵活性空间布局，构建中心景观、组团景观、展示景观分区，形成公共一半公共一私密三层景观序列，形成更为丰富的空间景观层次，通过多重景观设置，提高园区生产与生活品质。具体来看，在产业园中心景观设计环节，充分利用生产建筑布局特点，设置开放式的公共中心绿地景观，形成共享空间。为保证产业园建筑群与环境之间的协同，景观设计环节，可以沿用组团景观设计思路，即采取“围而不合”的设计思路，以轴线为布局核心，按照产业园人员分布情况，在相关区域设置座椅、廊椅等设施，塑造休闲新场景，为工作人员学习、工作以及休闲提供必要场所。展示体验带设计环节，可以着眼生态植草规划，

打造带状绿化空间，将其贯穿于整个产业园，通过空间串联，加强整个园区不同功能分区之间的关联性，提升其整体程度，实现不同景观之间的深度互动，为生产、生活以及学习塑造良好氛围。

整个园区的建筑应保证其建成后在建筑造型、街道立面及色彩上的协调一致。对于具有文化价值建筑的园区，在景观规划时，应当积极保护优秀的传统建筑的外轮廓与外立面的风格，使之成为一个较具观赏性的建筑风景。对于大多数仅具有一般价值的老建筑，则可以尽量在风格和造型上使其与优秀建筑相协调。对于不具备文化价值的建筑，则可以对现有建筑进行适当的改造，使其具有时代性、地方性及行业性建筑特征，特别是在局部的装饰应用和色彩搭配上应进行精心设计。新增的建筑既要与老建筑协调，也要具有个性化建筑特色。

产业园区应该从植物景观、道路广场景观及建筑景观的群体风格等，进行景观可识别性和体现产业特色的创造。当然，景观园区的建设最重要的还是符合人群的生活习惯和使用舒适感。产业园区正以迅猛的速度成长起来，成为我国城市景观的新亮点，得到了政府、开发商的支持。艺术家们如鱼得水般发挥其创作才能，用其人本的设计理念与全新、前卫的设计精神，为产业地块的保护与再利用注入了新的活力，并创造出巨大的艺术文化氛围，对文化产业产生重要的影响。

四、科学布局产业园功能分区

产业园在进行景观设计过程中，应当注重功能作用发挥，采取功能合流的处置方式，通过景观类别的转换，实现功能区的有效串联。为保证设计方案的科学性与有效性，在管理工作开展环节，应当积极与设计人员协调，做好三维虚拟技术应用工作。完成沟通后，设计人员与项目业主方进行沟通，掌握建筑主要结构特征以及功能需求，综合各类要素，利用三维虚拟技术开展设计工作，通过三维成像将建筑主体结构设计方案进行模拟，并直观呈现出来。设计方案确定后，施工管理团队需要及时开展工作对接，从实践角度出发，突出合理性意见建议，最大程度地确保设计方案的实用性和可行性，避免后期出现设计变更，影响整体产业园进度以及施工成本。

应当充分考虑公众的行为、心理需求，从视觉、听觉、触觉、嗅觉以及味觉等角度出发，通过空间、时间等设计要素属性的延伸，满足公众的审美需求。例如在地域性景观植物设计环节，应当选择相应的植被种类，对植被种植的密度、景观造型等作出针对性优化，使得绿色植被在满足视觉、嗅觉需求的同时，吸引各类昆虫、鸟类以及动物，与之共同形成多元化地域性景观生态，提升听觉等感官的审美效果，增强公众与地域性景观之间的互动程度，满足公众的心理诉求。

通过产业园功能分区的针对性设计，确保空间布局、功能分区与产业园之间的有效联动，全面增强景观的影响力。尤其在三维虚拟技术辅助下，设计人员可以更好地

融入到花园式景观设计过程中，更好地增强园区景观设计成效。

五、全面优化产业园植物景观

在产业园规划设计环节，通过景观要素的整合，结合园区发展优势，扩大竞争优势，助推区域经济平稳健康发展。景观设计作为出发点，在明确景观设计基本思路的前提下，创新设计方法，改进设计流程，推动产业园景观设计体系的健全完善，全面增强景观审美视觉效果，为各项产业活动稳步有序开展奠定坚实基础。

为持续提升产业园植物景观设置成效，一方面需要结合当地自然环境特征、文化背景以及审美偏向，系统评估绿化植物搭配方案，从不同维度出发，修正搭配方案，确保绿化植物种类符合区域自然环境特征，增强绿化植物存活率，降低后续景观整体管理难度。另一方面细化设计搭配要点及配置环节，充分考量绿化植物气味、颜色、体态等特点，将树木与树木、树木与建筑、树木与水体进行有效搭配。例如在较小的景观设计过程中，以竹子、山茶或者海棠作为主要绿化植物，在较大的私家庭院内，以乔木作为主要绿化植物，形成最佳设计搭配效果，持续增强产业园植物景观的审美价值，同时，合理的植物景观选择，可以降低后期管理维护成本。

生态优美的植物景观是产业园区景观建构中的重要部分。园区的植物景观设计，要本着乡土化、多样化、群落化、艺术化的原则。根据不同性质的产业用地，园区内的绿化要求在10%—30%，园区内的乔木、灌木及草皮、常绿树与落叶树、大树与小树的配置要合理。不能以追求形式美为唯一目标，可以采用以人工模拟自然植物群落为主要植物景观形式，配以屋顶绿化、建筑楼层绿化、建筑墙体绿化、道路绿化、小广场绿化等。这样既能充分考虑在空间上和色彩上的组合，又能实现植物多样的观赏特性，形成层次清晰、开合有度、色彩丰富的生态群落景观。

1. 园区入口处绿化。

园区入口处的景观是整个园区的门户，应重点绿化。其通常以装饰性绿化为主，由丰富多彩的灌木和宿根花卉、地被组成，景观优美，给人以良好的第一印象。

2. 园区道路绿化景观。

园区道路的景观可根据光照的因素进行设计，主要道路绿化东西方向以落叶色叶乔木为主，南北方向以常绿乔木为主，形成科学的、特色鲜明的道路绿化框架。次要道路的风格应简洁，一路以一种特色花灌木为骨干树种，地被植物为辅，增加可识性，从而形成富有节奏、特色鲜明的绿色景观屏障和绿色生态走廊。

3. 园区广场的绿化。

园区广场景观的营造风格应亲切自然，简洁明快，旨在为员工提供一个适合思考与交流的舒适怡人的户外交流空间。植物造景以草地型绿化为主，形成开阔疏朗、高低错落的景观序列。

4. 园区厂区的绿化。

园区内部的植物景观以观赏型为主，局部结合生产特色加以防护，使景观与企业特色相互辉映。不能布置高大的树木以防遮挡人们的景观视线，应布置灌木和较为矮小的经典乡土树种，使人们不论在园区内步行还是在建筑内工作都能观赏到园区内丰富的景色。园区内有良好的绿化环境，还能有效地吸引鸟类栖息，增添园区的自然情趣。

5. 园区建筑的绿化。

园区的建筑既是观景点，同时也是园区景观的重要内容。建筑外部环境与建筑应该形成虚实结合、以虚补实、以实美虚的友好关系。在园区建筑的屋顶、阳台、窗台、女儿墙以及山墙上进行绿化种植，不但可以改变原有建筑的局部形状，而且可以进一步将园区绿化向空中发展，形成真正意义上的“城市小森林”或“城市袖珍森林”。尤其是屋顶花园，不但能满足人们的使用功能，而且还可以成为其他楼宇的借景。室外墙体可以结合承重柱子布置垂直绿化，如爬山虎、常青藤等，使柱子看起来不再是生硬的钢筋混凝土的长龙，而是一条生动的绿色长廊。

第五节　产业园景观设计要点

一、景观空间布局

根据园区空间使用性质与功能的不同要求，一般可分为以下几个不同的领域层次，在规划设计中，应对其有恰当的把握。

1. 公共空间：指园区中的公共服务设施、集中的绿地、游园和广场，供整个园区的人员共同使用，常与城市的大街或公共场所形成一个整体，也可以是人们的共享空间。

2. 半公共空间：指具有一定使用限制和空间限制的公共空间。

3. 半私用空间：指各企业楼的院落空间，主要供楼里或楼间的员工休闲活动。这是本企业员工最便捷、最常用的休息空间。

4. 中心区是以大尺度公共空间为主的交往空间；生活区则是以小尺度，通过怡人的景观尺度，取得整体空间上的统一的区域。点线面相结合的景观空间设计，使外部空间层次十分丰富；标志性节点的引入，使外部空间变化起伏而排列有序；入口处大门、广场等组成系列标志性空间节点，大大丰富了园区景观。

5. 在企业的文化、标识、产品及所处地域的乡土文化中寻找设计出发点。例如所处城市的肌理，特色的乡土文化的抽象化；logo 的颜色，logo 的形式，企业的理念抽象化。

6.具有企业特色的入口空间。结合灯光的特色铺装，展示企业气质的水景、logo墙，突出具有仪式感的中轴对称空间和大气的景观草坪。

7.丰富的休息空间与花园。例如树阵广场、林荫步道、植物花园、户外木平台。

8.建筑中庭花园与屋顶花园的打造。造型铺装结合绿篱地被、乔木，以点缀孤植为主，形成多个小尺度的交谈休息空间。

9.与建筑的和谐关系，从建筑的造型气质中寻找与场地的契合点。例如建筑立面的线条、建筑的颜色、建筑的规划布局。

10.商业办公对于人气聚集空间的塑造。例如户外剧场，可举办活动的广场，可互动的景观装置。

二、道路规划

园区道路是园区基本空间的重要构成要素之一。园区的道路应该有针对性地进行人流、物流及车流的渠化分流，柔化道路路面，适度调整道路断面。园区内的道路除了满足交通运输的基本功能之外，满足人的步行也是非常重要的内容。在景观设计时，应该建立通畅便捷的步行道及步行道景观。由于园区内的车速不能过快，所以园区内的道路在景观设计时更应考虑其周边的建筑局部造型与质感、环境小品的形象与色彩。

对重点道路应配套建设体现园区特色的雕塑，通过美化、亮化、绿化、彩化、艺术化，道路不仅具有交通功能，而且还具有观赏功能。

道路可以通过许多种方法成为意象的重要特征，如典型的空间特性(如道路的宽窄、曲直等)、特殊的立面特征(两侧的建筑物、植栽)、可识别性(即个性)、连续性、方向性以及标志物或节点等。

外围道路和园内交通道路组成了道路交通系统，外围道路主要起到连接园内道路的作用，可按照市政的要求进行适当调整。园内主干道既要充当消防路线，又要连接外部交通，并且充当旅游路线，所以应按照既便捷直达又景观优美的要求设置。园内次干道连接主干道，是园区内非机动车的主要游览道路，应平缓易行，不能设置台阶。园内的步道作为主要的人行通道，宜选用美观多变的铺装样式和材料，丰富游客的游览体验。

道路形态应按其使用功能而定，使得不同的道路尺度适宜、宽窄对比、曲直相和。一般而言，园区主干道交通量大，也是形象的展示，宜宽阔平直，两侧配以行道树、乔灌草等，形成开敞、简捷、层次丰富具有时代气息的道路景观。园区内其他人行道则宜自然、便捷、曲而有致，林间小路更要有含蓄幽静、曲径通幽的意境。道路两侧的建筑、植物、小品及道路的形态和铺装等也同样能增强道路的可识别性，应协调统一，形

成连续的景观，以增强感受的连续性。

产业园交通性道路的绿化不仅仅是改善生态环境的需要，也是道路景观的重要构成元素，是体现人与自然和谐的重要因素，人性化的设计可以改变道路的景观效果。

三、广场节点

园区广场景观分为中心广场和一些小型的休闲广场。中心广场作为园区的重要景观表现场地，主要以观赏性的景观雕塑小品和植物造景组成，集中体现园区产业特色。

小型的休闲广场一般位于园区办公环境的周边，其作为员工室外休闲活动场地和沟通交谈的场所，应让人体会到现代办公空间的高品质景观感。其不仅应该具有景观观赏性、开放性等特点，而且在设计上要体现以人为本的理念，可设置适当的休息设施，以形成良好的生态休闲氛围。对于其中的休息亭廊、景观铺地、景观桌椅、景观标志、引导牌、景观石以及景观照明设施等都需要做到融功能性、整体性、艺术性和个性于一体。如文化类功能区可以适当地体现高雅艺术与前卫艺术，形象可以夸张、抽象，色彩可以鲜艳、怪诞；家装类功能区可以多用具有当地乡土风格的景观，多做“行”“木”文章，并以天然材质进行精细加工，做到粗中有精、粗而不陋。

四、中心绿地

中心绿地是指一块面积较大较完整的绿地，它可以充分发挥绿地的多重功能，一般允许所有人员进入。其内部可包容活动设施以直接作为场地中活动的载体，使人们在此组织一些室外活动。中心绿地规模越大，其中可组织的活动越丰富多样，生态和景观效果也越明显。中心绿地还可作为与建筑等其他内容相平衡的形态构成要素来进行园区布局。产业园功能区规划中，中心绿地常常作为布局的组织核心或布局结构建立的基点。

五、植物配置

1. 因地制宜：结合特定的气候特征及场地周围的环境特征，种植适宜生长的树种，一般选择当地乡土树种，乡土树种长期受现状环境影响，已经形成很好的适应性，能够形成稳定的景观效果，且其造价低、经济适用。同时，可以适当引入优良的驯化品种。

2. 艺术性：植物配置不是绿色植物的堆积，而是在审美基础上的艺术配置，应遵循统一、协调、均衡、韵律等美学原则，丰富群落美感，提高观赏价值，渲染空间气氛。合理利用彩叶树种、常绿、落叶树种进行植物搭配，丰富季相变化。

3. 多样性：植物群落不是由单一的植物组成的，而是由多种植物与生物相结合而成的。要丰富景观及物种的多样性，需要模拟自然，增加植物群落，注意乔灌草的结合，增加景观的连续性、稳定性，提高生态效益与环境质量。此外，应采用速生、慢生树种的多品种和形式进行配置，形成丰富多变的植物景观，同时选用多种规格进行搭配，使其尽快形成多层次的植物景观效果，有利于节约成本。

4. 整体性：秉持以人为本的理念，不仅注重观赏性，同时强调其功能上的需求，如遮阴、采光等不同的需求及开敞空间和私密空间的营造。把握整体基调，形成统一协调的总体布局。选择两三种基调树种统领全园，大量种植，将场地各个部分有机地结合起来，满足整体观赏要求。使绿化与建筑紧密结合，共同营造观赏亮点及景观精品，达到四季有景的效果。

5. 除此以外，新建产业区的植物配置还需注意以下几个方面的特色：注重表现文化，在绿化中结合雕塑、地形和材料来表现美和企业文化；在设计中更加注重人性化，表现为绿化设计中的无障碍设计、人性化遮阴、尺度宜人的花园和座凳等；注重在设计中表现生态理念，例如在绿化铺地中使用可再生材料，通过绿化和生态设计手段处理污染物等。

六、硬质铺装

铺装是园林道路中的一项重要设计。良好的铺装应遵循三个原则：第一，功能性原则是铺装的重要原则。所谓功能性，就是说铺装的尺度、轴线应该起到组织场地路线，引导游人视线的作用。第二，铺装应满足宜人性原则。铺装要满足园林物质功能的需要，应做到整洁与平整，便于行人车辆通行，还要考虑精神需求，如适宜的色调与尺度、注重心理感受和人文韵味的运用等，都会起到事半功倍的效果，有利于创造适宜的空间感。第三，铺装应有良好的生态性。铺装的生态性主要表现在铺装的形式、材料的运用等方面，良好的生态材料要做到“取之自然、回归自然”，也就是说，铺装应该采用自然界中可回收再利用的物质，做到省时、省功、省力，起到降低、再生、重复运用的作用。还应注意，铺装需在不同分区中采用不同的铺装材料，并搭配植物、山石，达到遥相呼应的效果，使铺装变得丰富、有趣。

1. 不同因素对产业园区景观铺装的影响。

地理位置的不同，造成了产业园区温度、湿度、降雨、日照和季风的诸多气候因素的变化。因此，地面铺装设计要结合当地的气候特点，充分考虑材料的防蚀性和透水性，考虑当地优势资源。产业园区企业类别繁多也是影响铺装的因素之一，重工业和轻工业的地面铺装就存在着很大的区别：重工业的地面承重压力要相对大些，选材基本上以硬质为主；轻工业部分区域可适当采用柔性材质来铺装。

2. 地面铺装材料的选用及景观设计。

柔性铺地：柔性铺地是指各种材料完全压实在一起的铺地方法，能将交通荷载传递给下面的地层。

刚性铺地:刚性道路则是指由现浇混凝土及预制构件所铺成的道路,有着相同的几何路面,通常要在混凝土地基上铺一层砂浆,以形成一个坚固的平台,尤其是对那些细长的或易碎的铺地材料。

道路临界的铺装:步行道边坡、开口是将道路的部分路缘、边沟的高度降低,以方便机动车跨上步行道,也有的是为方便轮椅通行的无障碍设计。

七、景观小品

景观小品的设计最能体现设计的细节,小品的设计要结合场地的主题,运用统一的设计元素,在整体的和谐中考虑局部细节的变化,小品的设计应系统化,其整体风格要与城市风格相融合,要考虑其耐用性和特色性,以便于小品的后期管理。

景观小品的设计是园区景观中文化性的重要体现,景观小品设置的重要目的是要突出不同于一般城市景观的一种特征、一种文化、一种场所感。园区绿地景观中的环境小品,主要包括铺地、花坛花钵、亭廊、水池喷泉、座位、树穴盖板、废物箱、栏杆、时钟、雕塑、景石、构架、公用电话亭、指示牌、路灯、交通标志等。在景观的营造中,适当应用景观小品是极其必要的,但其数量一定要适度,布局一定要合理。

八、景观形象

产业园的景观形象是指园区的整体风貌、特色和吸引力,包括自然景观、人文景观、建筑景观等多个方面。它是通过视觉、听觉、嗅觉等感观来感知的,是人们对一个产业园的第一印象和总体评价。景观形象的好坏直接影响到园区企业形象的塑造及企业员工的工作感受。

首先,园区景观形象中环境的良好处理能够极大地改善企业员工的工作环境,保障职工的身心健康,提高劳动生产率和保证产品质量。其次,减轻和控制噪声对周围环境的影响。噪声对生产运行人员的健康具有严重威胁,震耳欲聋的噪声不仅会影响设备附近的生产人员,而且还会向周围环境扩散。这首先要求我们对声源采取隔声的处理,以减轻其对生产人员的危害。由于乔木和灌木都有较强的吸声功能,所以适当地布置隔声绿化带,既可以吸收部分噪声,使之不扩散到周围去,又可以减弱外界传入巨大的噪声,达到改善环境的效果。

第三章
产业园景观设计案例

产业园景观打造，特色鲜明是关键。产业园区种类丰富，根据产业类型的不同，会形成各具特色的园区，如生态产业园区、农业产业观光园区、创意产业园区、科技产业园区等。因此，产业园区景观规划不仅需要结合地形、地貌，还需要特别考量产业属性、产业功能、产业从业人员需求等元素，展开相应的园区景观设计，不同特点的产业园应采用不同的规划方法。

此外，产业园区规划比较注重生态性，强调产业生态系统成员彼此间与自然、人文资源的合作，以及具备环境意识与愿景的产业共生规划。落实生态产业园区概念须同时兼顾多种组织形态与领域，多考虑人、文化层面的因素。接下来，我们通过不同产业属性的产业园区规划案例，来看看景观设计过程是如何体现以上规划要点的。

第一节　青岛海洋科技园一期

青岛海洋科技园项目位于青岛西海岸新区江山南路与规划珠江路交会处，紧邻唐岛湾滨海公园和中国石油大学（华东），其中一期总建筑面积约 8 万平方米。青岛海洋科技园是以蓝色涉海产业为主导的科技园区，是青岛市重要的蓝色高新产业载体。园区主动承载青岛市及青岛西海岸新区全面经略海洋、打造海洋强国战略支点的国家使命，致力于打造国内领先、国际知名的国家海洋科技自主创新领航示范区、应用型海洋科技成果转化示范区、高端涉海服务业总部和科研总部，以及现代海洋产业展示交易等创新要素聚合平台。

3.1.1　项目和山、海、城市的关系

在青岛西海岸新区，最为繁华的地段当属以新城吾悦广场、海上嘉年华、永旺梦乐城为核心构成的滨湾商圈，凭借优越的环境和缤纷的商业配套，这里不仅是新区商品房价的峰值区域，也是主流消费群体的聚集之地。

青岛海洋科技园正是位于永旺梦乐城往北600米，峨眉山路东侧地铁13号线王家港站附近的寸土寸金之地，闹市之中，这片浅山悦海之地显得格外与众不同。园区北面青山依靠，南面碧海波澜、紧贴繁华城区，因此，在这里有近可闻莺歌燕语，远可观车水马龙的奇妙体验；也有置身天然氧吧，繁华却也近在咫尺的独特享受。

青岛海洋科技园在设计最初就充分考虑人性需求，融入自然，拥抱自然，使科学家可以在不耽误工作的情况下放松心情。他们可以在通向山顶的小径上沉思、在办公楼下花园中进行头脑风暴、在池塘边的食堂里即兴研讨、在登高远眺时“顿悟”。

这里的建筑，打造了一种沉浸式体验自然的工作方式，这既是建筑与生活的融合，也是建筑对人类本能的需求的回应。建筑、自然、人三者达成契合，让“拥抱自然、疗愈身心，而后及时回归繁忙”成为园区人员的日常工作状态。

场地的自然条件得天独厚，位于一座临近海岸的小山脚下，并向海岸延伸，与一片滩涂相接，真正算得上“山海之间”。其特殊性在于场地依山傍海，同时又处于一个快速发展的城市之中。通过设计找寻和赋予用地特殊的场所意义，并借助营造的过程将其展现出来，才能让园区与其使用者在纷乱的城市环境中实现真正的定居。

3.1.2 融于山、海和城市环境的园区

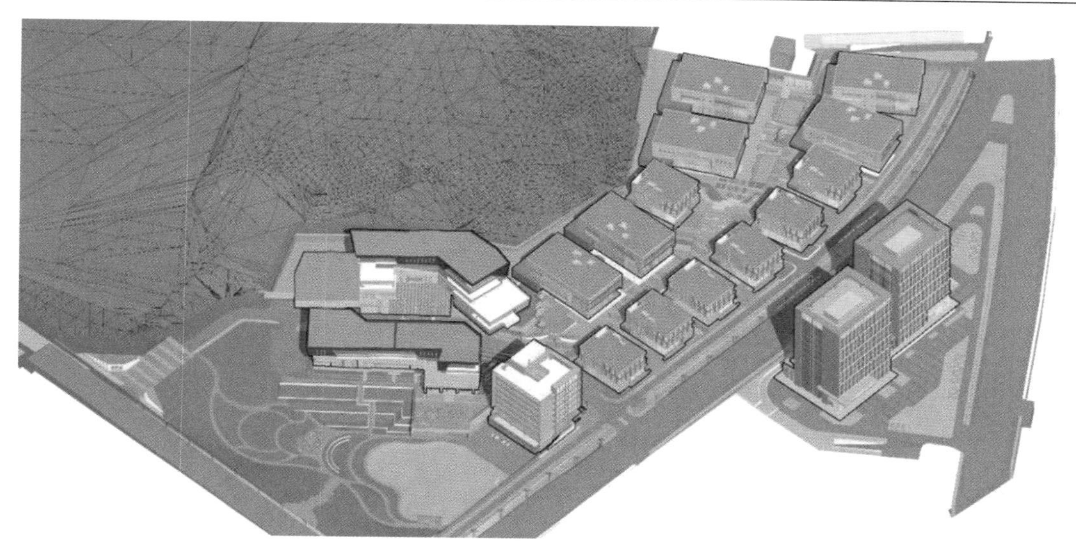

3.1.3　山体与场地关系示意图

3.1.4　萨尔克研究所面向大海的科学家研究小室

海洋科技园是一个研究海洋科学技术的场地。科学研究的主体是科研人员，他们大部分时间是在实验室中度过的，很多时候不得不因为工作，忽略一些对生活最质朴的向往，例如适宜慢行的街道、馥郁飘香的咖啡店、开满蒲公英的草坪、可以坐着晒太阳的长椅，这些城市中随处可见的休闲场地，成为他们无暇抵达的地方。

研究机构应该是怎样一种场所，路易斯·康著名的萨尔克研究所——也是一座面向大海的研究所——算是一个经典的解答。在面向太平洋的拉霍亚海边高地上，康设计了一组围绕着一个中心广场的小房子。这些建筑面向太平洋方向，由一个个专供科学家使用的小室组成。这些小室的原型来自修道院修士的房间，唯一的窗户面对大海，这样可以帮助科学家进行类似于冥想的科学沉思。

3.1.5　园区和城市的关系

3.1.6　园区总平面功能图

所以在这个项目中，设计师试图创造出一个供科研人员生活的“聚落”。它如同

一个村落，有错落的建筑、蜿蜒的小径、街角花园、中心广场以及可以通向旁边的小山顶或不远处的滩岸的起伏的台阶。设计师希望看到的是科研与生活的融合：小径上的沉思、花园中的交流、食堂里的即兴研讨乃至登高远眺时“顿悟”的那个瞬间……

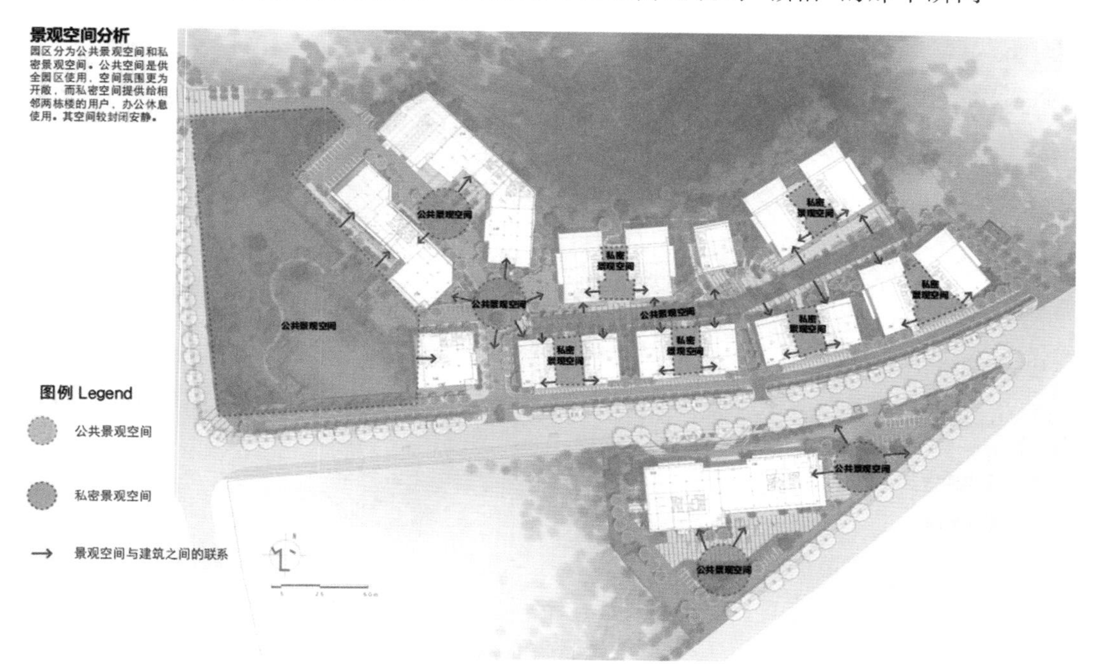

3.1.7 园区景观空间分析

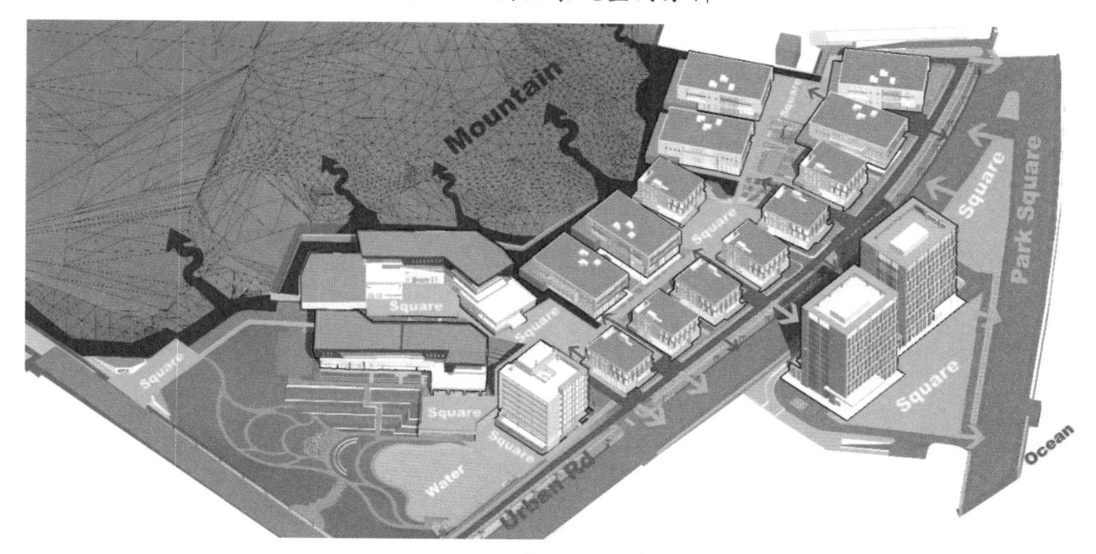

3.1.8 园区建筑空间穿插关系

不同于传统的按照横平竖直排列的建筑群，这里的建筑大致形成与山体等高线平行的布局，由此产生一种“随意”生长的感觉，却又因符合山的脉络而不失“秩序”，排列的建筑群如同一串翡翠点缀在山海之间。除此之外，设计师别出心裁地用了“类比”的

修辞手法，将楼栋屋顶用大面积绿色覆盖，使之既与周围山体形成呼应，又青翠得更胜一筹。

3.1.9　园区空间视线分析

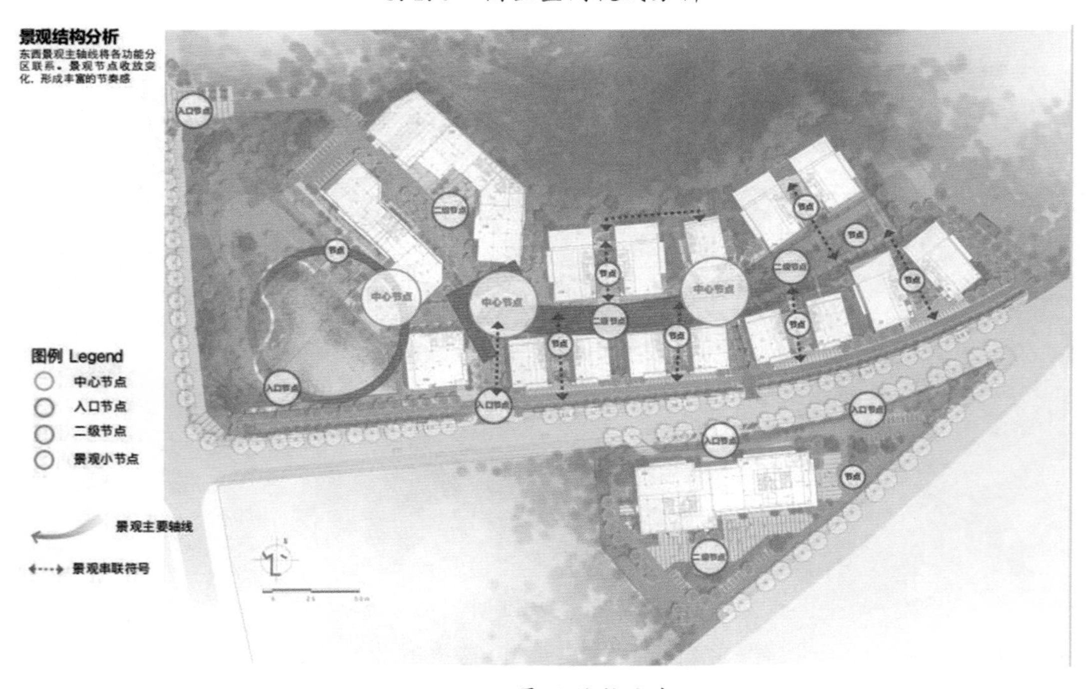

3.1.10　景观结构分析

景观空间分析：园区分为公共景观空间和私密景观空间。公共空间是供全园区

使用的，空间更为开阔，而私密空间则是提供给相邻两栋楼的用户在办公休息时使用的，其空间较封闭安静。

景观视线分析：视野好的区域为设计的亮点区域，视野范围广的区域设为开敞的共享空间，视域范围局限的部分设为半封闭的私密空间。线性的视域空间提升了景观轴线感。

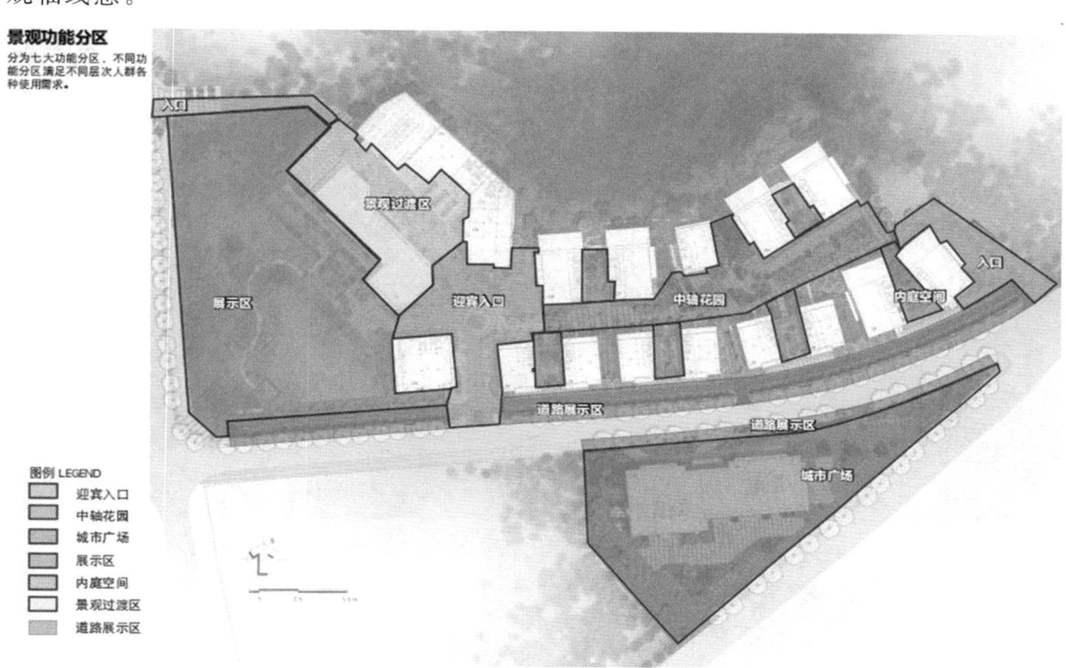

3.1.11　景观功能分区

3.1.12　园区主入口景观

景观结构分析：东西景观主轴线将各功能分区联系起来。景观节点的收放变化，形成丰富的节奏感。

景观功能分区：分为七大功能分区，不同功能分区满足不同层次人群的使用需求。

3.1.13　园区转角景观

3.1.14　内部阶梯景观

迎宾入口：入口为精神堡垒，叠层水景能够听声看景，展示园区形象。远处中心对景大树与入口形成呼应。对景花园灵动，七彩景观亭提升入口形象，增强入口的变化感。项目主入口充分利用市政优越的绿化条件和景观资源，将市政绿化稍加规整

和丰富，营造自然友好的入口环境，达到精致与自然的诗意融合。利用植物的天然阻挡优势，将园区内外景色融为一体，左侧放置精神堡垒，彰显品牌形象。

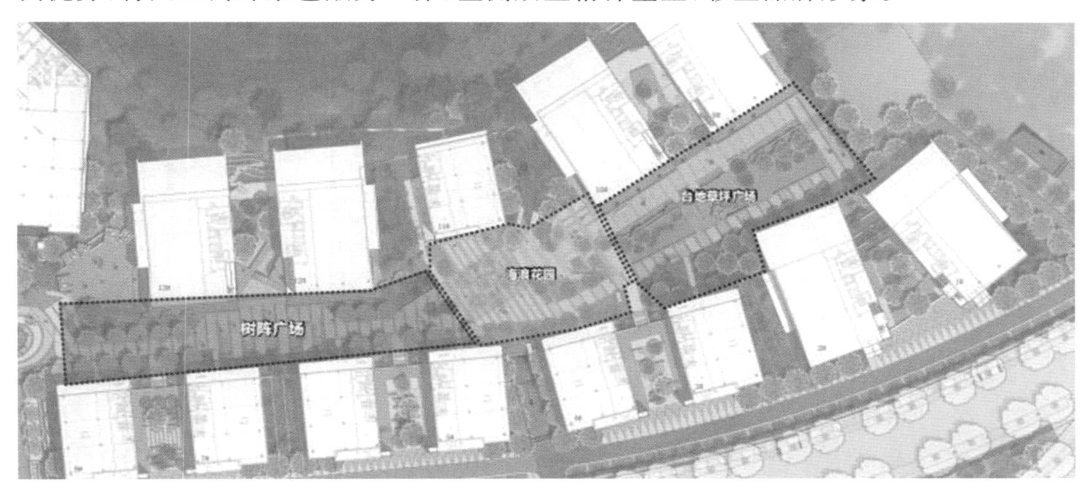

3.1.15　园区广场分区

3.1.16　园区内部步行区

项目通过利用建筑周边空间功能与体验的微妙变化，对功能空间的分配进行重新定义和再次组合，从而创新出健康、平衡、活跃及立体的生活氛围，创造可持续的生态绿建系统和低维护的景观设计，让工作场所和生活空间更具自然活力。项目还注意景观的整体性、系统性，通过合理的功能定位、适宜的公共休闲空间安排与必备的设施配套，容纳各项社交活动，供人们在休闲之余享受精神愉悦的快感。

3.1.17　园区步行休憩区

利用更便捷高效的方式、更多的分享空间以及小组或团队的合作，来改善办公室工作人员的工作模式和生活节奏。

3.1.18　园区雕塑小品

根据建筑特点优化景观结构，通过合理运用景观材料、设备及技术手段，充分实现有机生态与合理功能的景观绿地空间，创造一个集交通布局、城市地标和开放绿地于一体的有机形态的新型城市公共空间。

3.1.19　树阵广场

3.1.20　园区广场一角

设计团队通过对园区交通系统、功能空间、停车位布置、绿地系统的统一整合，形成两个中心点、三条轴线的景观设计骨架；分散在各个楼间的口袋公园设计，使园区形成一种无边界办公的户外客厅模式。

3.1.21 园区广场台阶绿化

3.1.22 园区广场树阵

中心广场结合建筑物、休息座椅和绿化环境，共同打造户外休憩节点。

3.1.23　内街中心绿化

3.1.24　内街休憩长廊

景观与道路系统错开布局，形成步行通廊，向城市开放；景观契合公共开放节点，注重点线结合、收放有度，形成与城市共享的景观系统。

3.1.25　内街休憩区

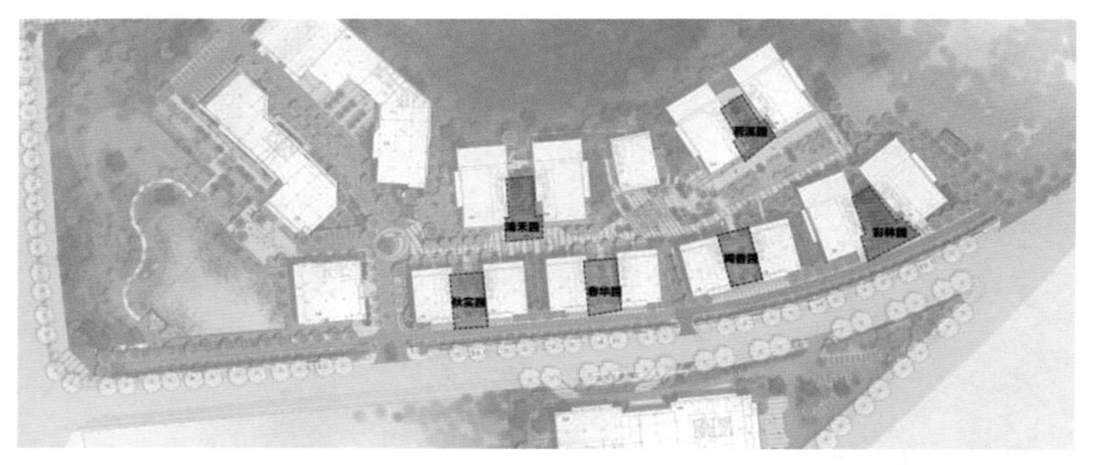

3.1.26　独栋绿化定位分区

注意绿化苗木的四季变化与高低搭配，在观花、观叶的环境中，引入部分果实类树种，增加趣味性与互动性。

3.1.27　绿化定位分类

3.1.28　内部庭院

举头望青山，青山半入城，迈步拥有半山风光，随即可以俯瞰山海。著名作家林语堂说过："园中有屋，屋中有院，院中有树，树上见天，天中有月。不亦快哉！"这寓意着合院对于中国人的意义，它象征着天地，是中国人骨子里的情怀，符合传统的中国式审美。在青岛海洋科技园，林语堂的理想以实景呈现，楼栋之间的空间以合院风格打造，既为人们欣赏自然留出足够的空间，也为不同楼栋之间的企业交流提供了良好的场景。合院中心植以造型松柏，松柏的树冠营造出一种聚合感，配合石阶楼梯简洁明了的线条，使人更感惬意。

3.1.29 挡土墙阶梯绿化

3.1.30 挡土墙景观绿化处理

整体低密度设计牺牲了经济利益，为的是留给自然足够多的展现空间，在这里一步一景，随处可沉浸于自然。从某种意义上说，青岛海洋科技园不仅是一座建筑体，

也是大自然的一部分，如同一棵树，又或是一粒沙，它具备生命力，表达的不再是单一对设计的追求，更是期望通过塑造建筑的自然属性，来打造人内心的疗愈所在，让人们在不抛弃欲望的情况下返璞归真，在轻松的氛围中成就自我，因为不论成功还是愉悦，都是人内心最原始的渴望。

3.1.31　独栋庭院景观

3.1.32　独栋庭院特色座椅

中国风水学讲究“负阴抱阳，背山面水”，也就是说，建筑的最佳选址应该是傍山邻水之地。园区北面山体覆满树木，郁郁葱葱，若干小路穿梭其间。依山而建，须预防滑坡，如何处理高差就成为一个值得思考的问题。

将高差做成垂直挡土墙是最简单的方式，但考虑山体本身不高，坡度平缓，无论是锻炼还是远眺都恰到好处，于是设计师采取了一种更为艺术的方式：用高差打造建筑，成为人通向自然的通道。在这样的设计思路下，园区于山坡上打造错层台阶，以台阶连接山体与地面，自上而下随着地势层层递进，每层以植被装点，融入自然，深入自然。

3.1.33　独栋入口景观

3.1.34　项目高差处理

高差的处理是这个场地中最主要的问题之一。经过精心处理的场地可以和环境更好地结合起来。高差让行走路线和视线关系变得更为生动有趣。设计者通过一系列台地来化解场地的高差，并通过无处不在的台阶、坡道、楼梯把不同标高连接起来，使人得以通过“漫步”和“攀登”的过程更好地体验、感知这一场所与山相伴的特质。

展示区：空间功能丰富，竖向变化较大。利用回车场地做休闲小广场，观景台下做亲水停留空间。高差通过层叠花槽墙过渡，亲水植物净化水体，环湖漫步，偶设亲水平台，坐在廊架下整个湖区美景尽收眼底。

3.1.35　项目展示区景观总图

3.1.36　项目展示中心一角

项目整个场地地势较为复杂，设计者把主要高差集中在轴线上处理，既减少了挡墙的数量，节约了成本，又丰富了主空间的景观节奏。在植物配置上主要以银杏、紫玉兰、朴树、水杉等骨架树种把空间和现实尽量地打开，让温暖的阳光、清新的空气拥抱来这里休憩的每一个人，同时在局部点缀北美海棠和樱花等观花植物，以丰富人们的视觉感受。

3.1.37　临湖景观

3.1.38　临湖构筑物休憩区

将建筑组织成一系列院落，在院落中间填充不同主题的景观，使休憩空间与绿色

植物呼应，形成温暖、舒适的空间特质，营造出轻松舒适的氛围，让人在这里放松自在地享受有阳光与自然的纯净空间，满足科研人员对高品质工作环境的要求。

展示区：空间功能丰富，竖向变化较大。利用回车场地做休闲小广场，观景台下做亲水停留空间；通过层叠花槽墙过渡高差；利用亲水植物净化水体。人环湖漫步，偶涉亲水平台，坐在廊架下，能将整个湖区美景尽收眼底。

3.1.39　高层独栋出入口景观

3.1.40　高层独栋落客区

人车分流，机动车落客区全部设置在园区建筑外侧，方便形成昭示性强和相对独立的落客区，保证园区内街步行的安全感与舒适的体验感。

3.1.41 沿街商业景观

对一个场所的感受是需要通过较长时间的重复性日常生活逐步形成的。未来，当使用者真正开始在园区生活、工作，开始如设计者希望的那样把园区当作一个聚落空间去体验，或许能够获得始料未及的新的感受，从而发展或创造出新的场所意义，这一切有待时间的检验。但能确定的是，这里一定会慢慢形成某种形式的“聚落”生活模式。人们通过在此工作、休憩、漫步而结识，最终形成对这片土地的归属感和认同感。而在这个过程中，山、海、建筑、花园、小径、池塘不会缺席……

如果人们来到青岛海洋科技园，一定会有这样的感受：这不仅是一座园区，也是一件艺术品，每一个设计细节既发挥出建筑基本的功能性，又能呈现出舒适的自然情结。这时便能理解开发者的匠心巧具与设计理念的难能可贵，毕竟将繁华以自然装点、将忙碌与轻松平衡，本身就是一件不容易的事情。

 第二节　青岛海洋科技园二期

本项目位于山东省青岛市黄岛西海岸经济新区，北面靠山，南面黄海，是青岛海洋科技园二期，总占地面积 56 亩，建筑面积 15 万平方米。项目周围环绕众多公共绿地、滨海公园，环境优美。

3.2.1　项目鸟瞰图

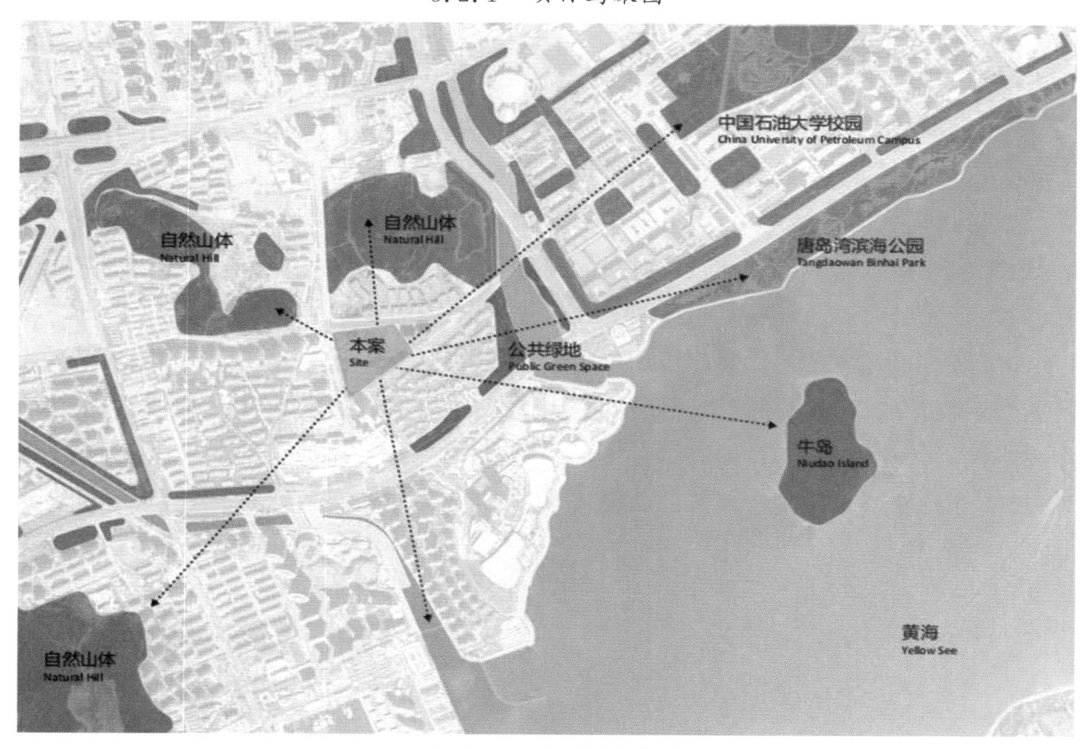

3.2.2　项目区域位置

本项目周边已建有海上嘉年华澳乐购、永旺梦乐城、新城吾悦广场三处商业综合体，配套有商业景观，商业氛围浓厚，气氛活跃，人流量较大。这些与基地以办公园区为主的户外空间特性形成差异化需求。

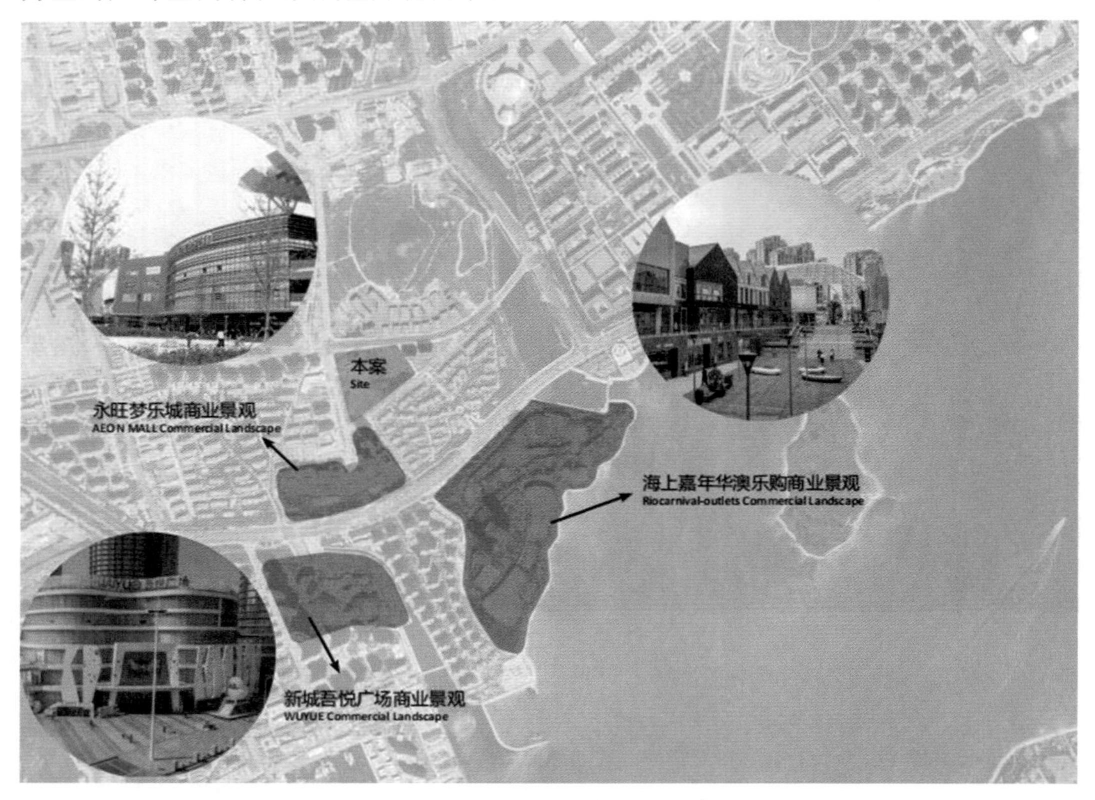

3.2.3 项目周边连通性分析

本项目东侧靠江山南路，南侧靠主干景观道滨海大道且设有地铁停靠站，交通便利，地理位置优越，具有很好的可达性；北侧靠自然山体，为项目提供了良好的自然景观；周边有大型商业区，也为项目使用者提供了休闲娱乐的场所。

青岛依山傍水，景色优美，且以丘陵地形为主，常有不同程度的高差存在。本项目的景观设计的概念灵感就来源于秀山秀水，提取自然的优美曲线与科技理性之美作为景观设计的基础语言，同时结合地形高差，优化空间连通性，通过特定的材质、水景、植物等要素与现代科技园区的功能需求的结合，营造舒适宜人的户外空间。

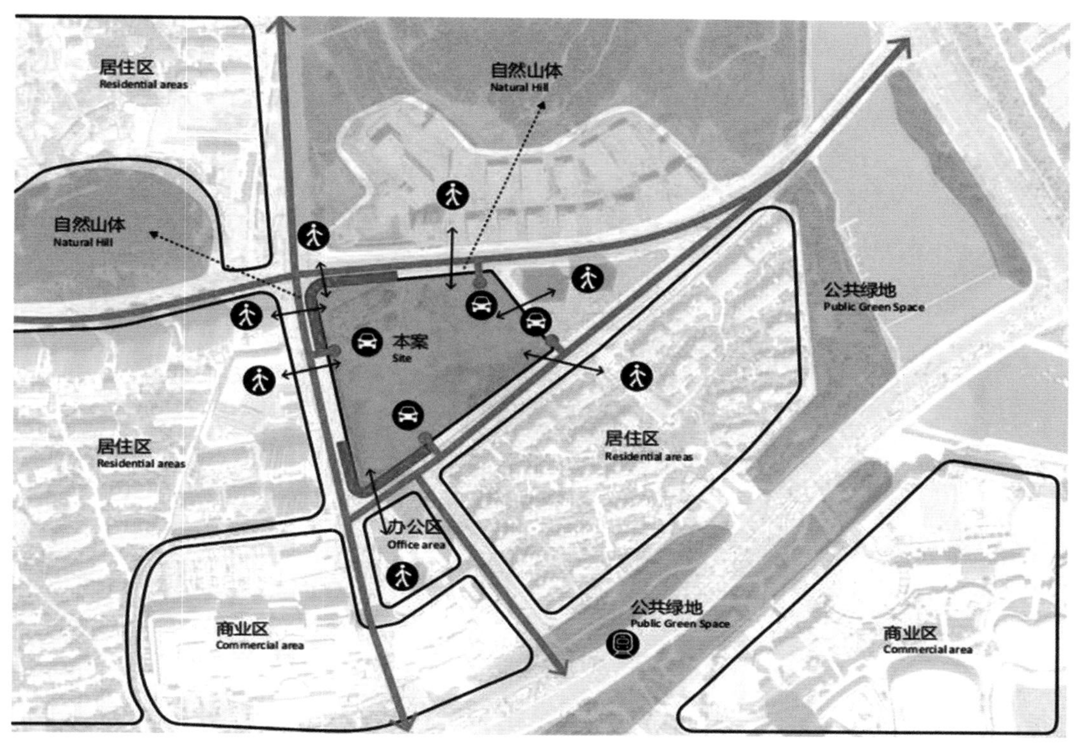
居住区
Residential areas
自然山体
Natural Hill
自然山体
Natural Hill
公共绿地
Public Green Space
本案
Site
居住区
Residential areas
居住区
Residential areas
办公区
Office area
公共绿地
Public Green Space
商业区
Commercial area
商业区
Commercial area

3.2.4　项目周边分析

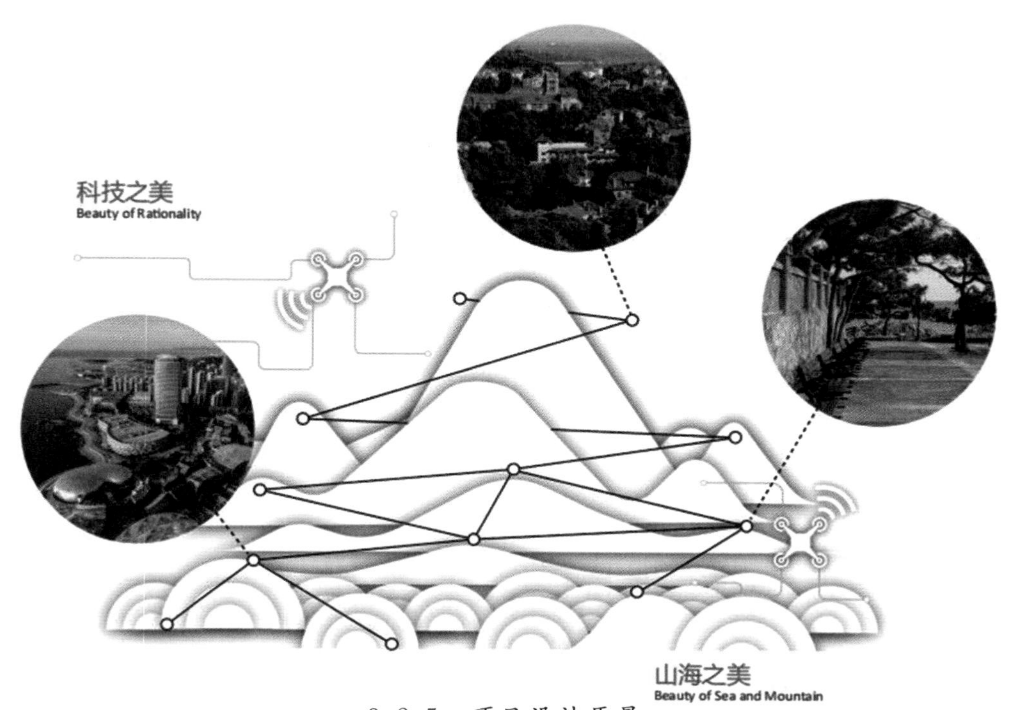
科技之美
Beauty of Rationality
山海之美
Beauty of Sea and Mountain

3.2.5　项目设计愿景

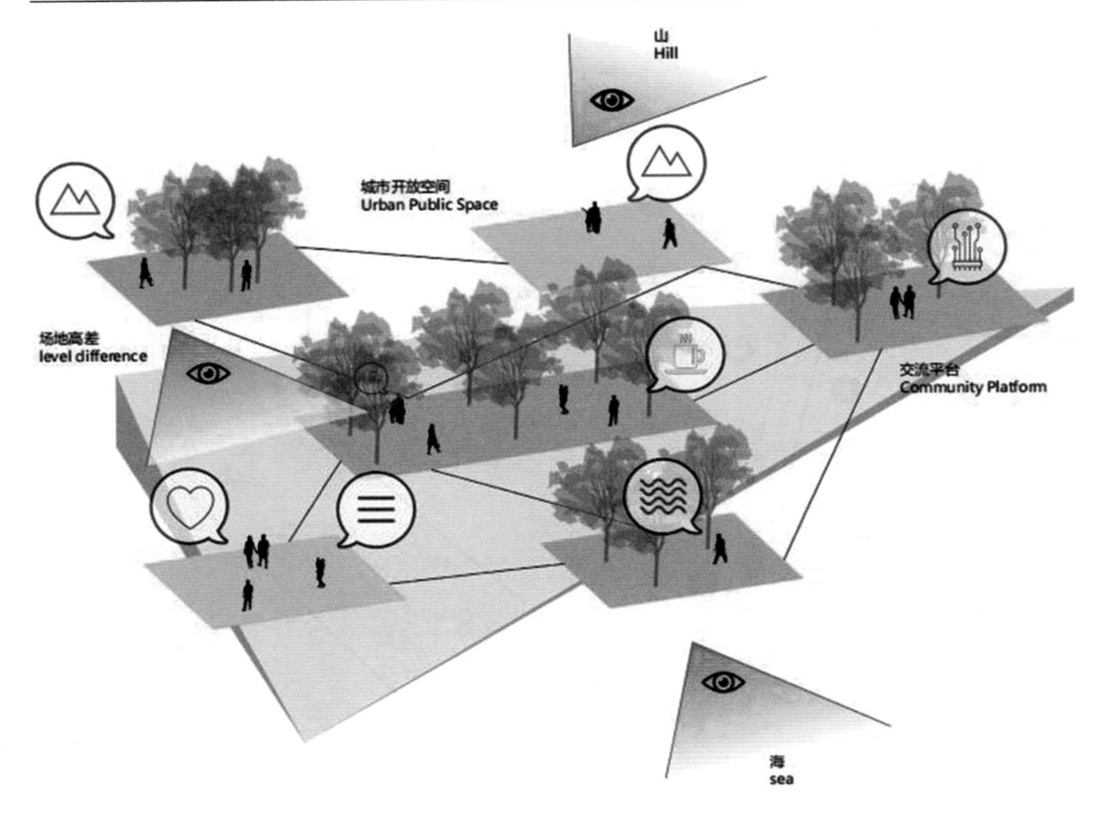

3.2.6 景观概念空间推演

基地背山望海，融入青岛山海连接的城市格局之中。基地内高差变化大，台地式的建筑与景观布局形成不同高差的户外空间。设计以青岛的山海空间特征为灵感，借鉴历史街区的处理高差的典型手法，在各景观节点中结合山水曲线与存有高差的场地特性，塑造不同层次的视线通廊，在各平台上赋予差异化的功能分区，让绿色层层递进。

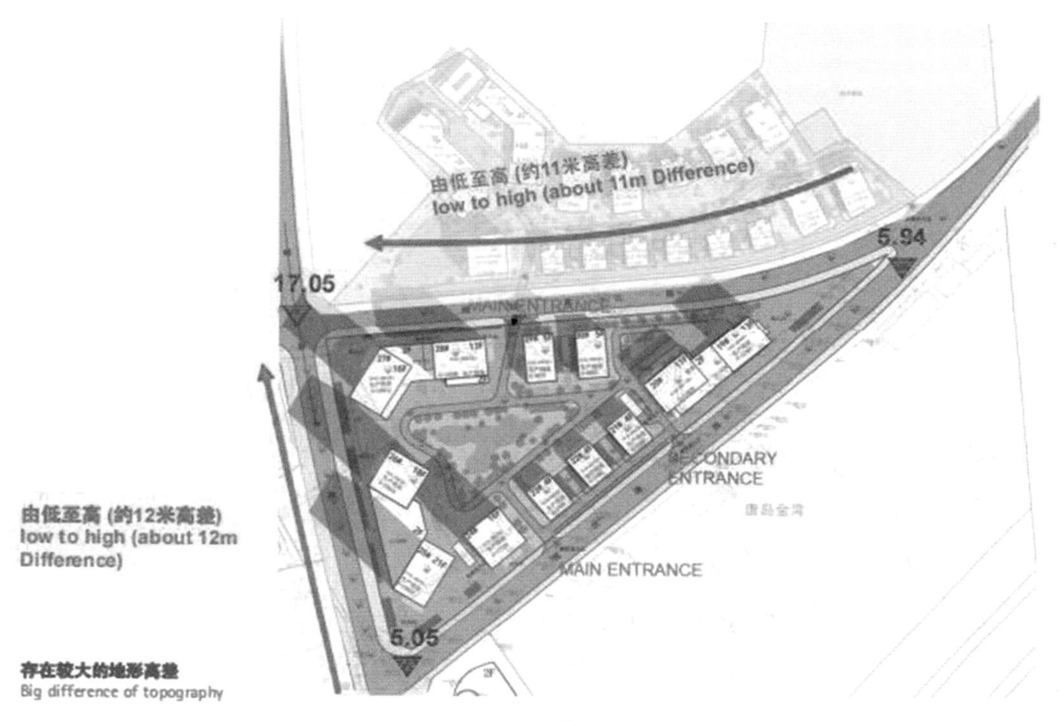

3.2.7　项目高差分析

项目总体地势北高南低、背山面海，从北到南的高度差为 11 米，这种高度差不但不会成为障碍，反而可以形成生动而多变的城市空间，为人才、经济、资源的聚集和培养提供便利条件。

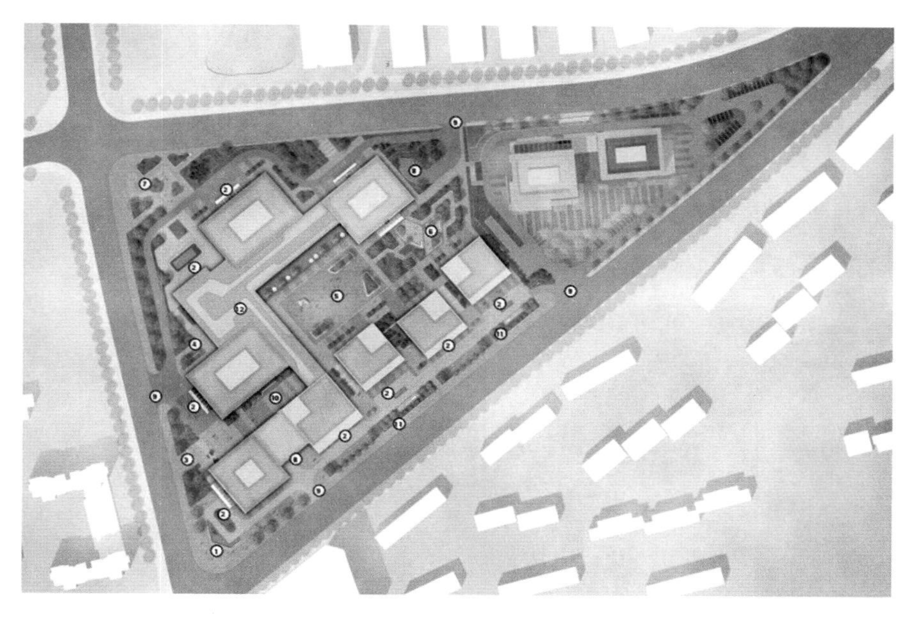

3.2.8　项目总平面图

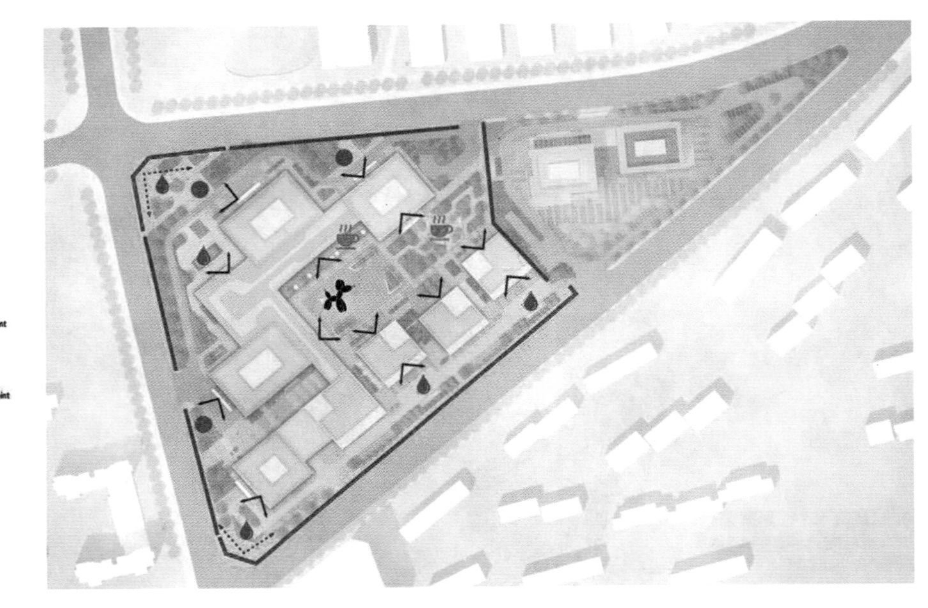
水景焦点
Water Feature Focus Point
特色植栽焦点
Greening Focus Point
装置艺术焦点
Art Installation Focus Point
中心庭院焦点
Garden Focus Point
建筑视点
View From Building
沿街视点
View From Street
主要沿街界面
Main Street Frontage
绿色沿街界面
Green Frontage

3.2.9 项目视线分析图

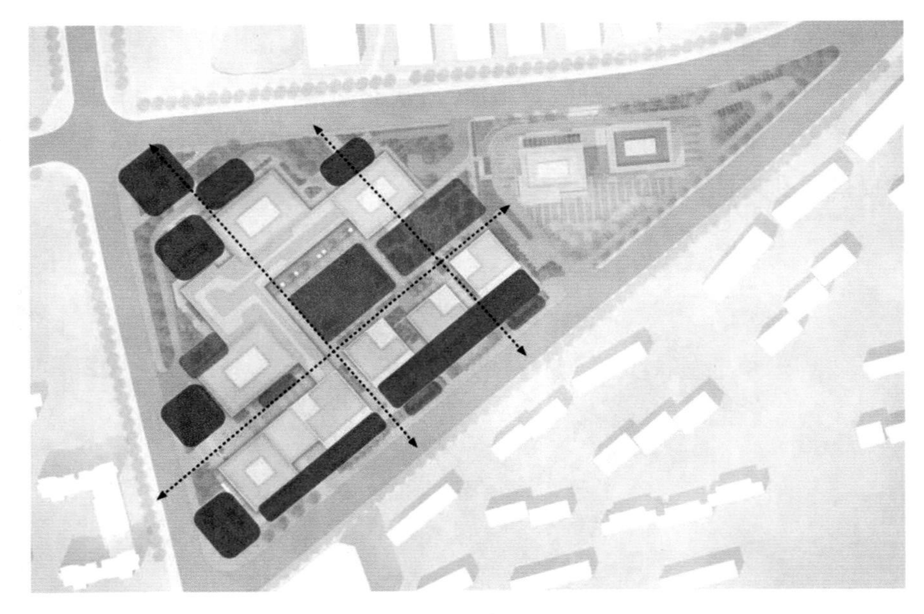
城市开放空间
Urban Open Space
交通集散广场
Drop Off Plaza
口袋庭院空间
Pocket Garden Space
中心开放草坪
Open Lawn

3.2.10 项目空间分析图

消防分析图
Fire Fighting Analysis

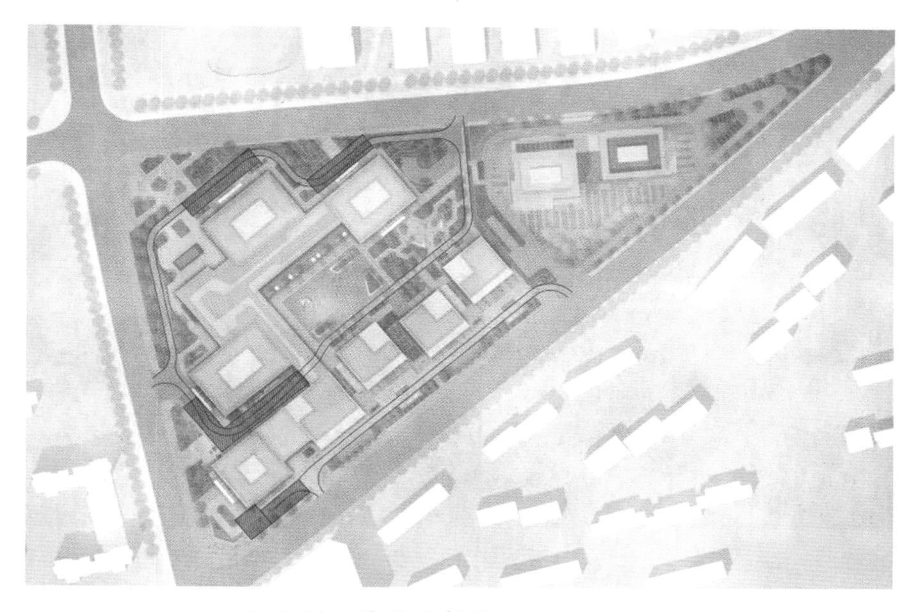

3.2.11　消防分析图

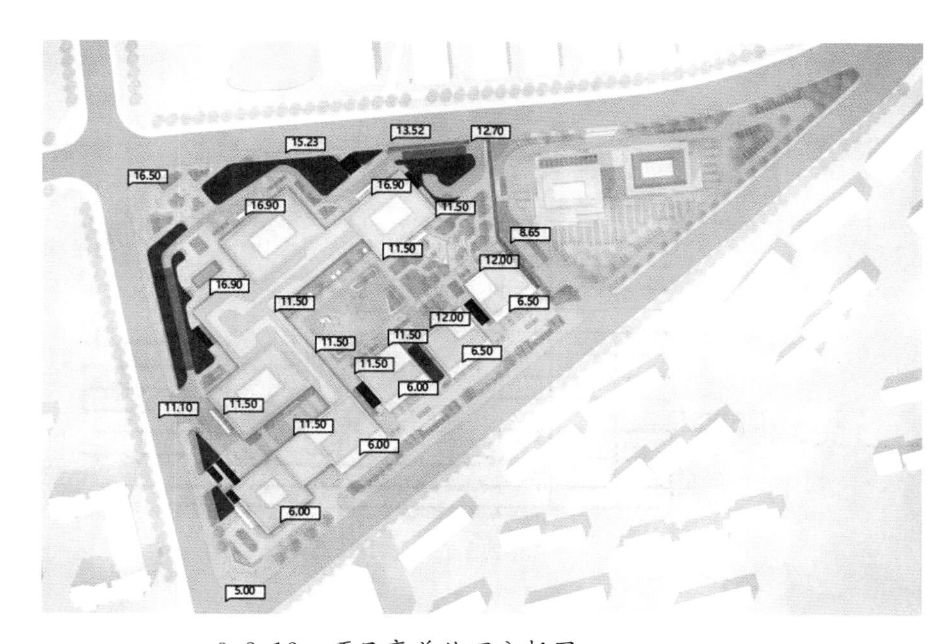

车行坡道 Ramp
阶梯 Stair
台阶式绿地 Green Terrace
挡土墙 Retaining Wall

3.2.12　项目高差处理分析图

3.2.13　项目总体鸟瞰图

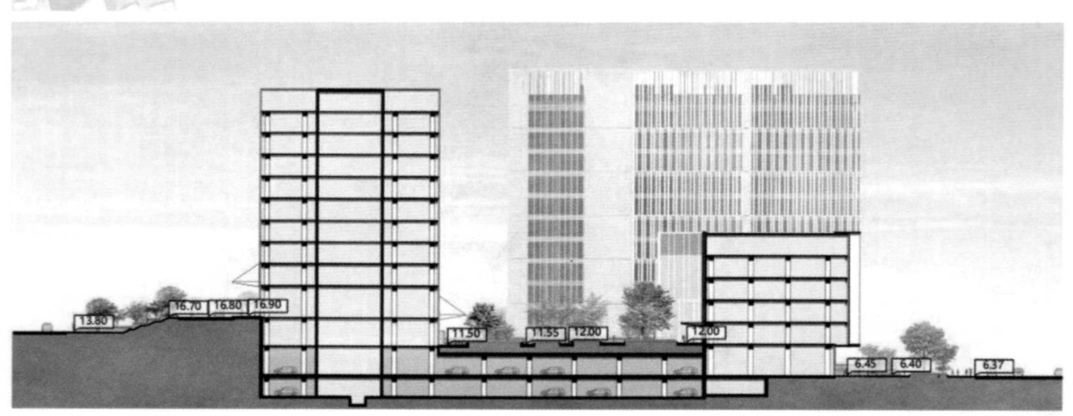

3.2.14　项目剖面图 1

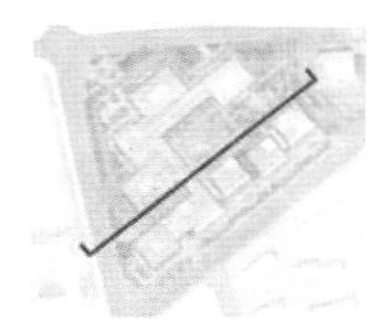

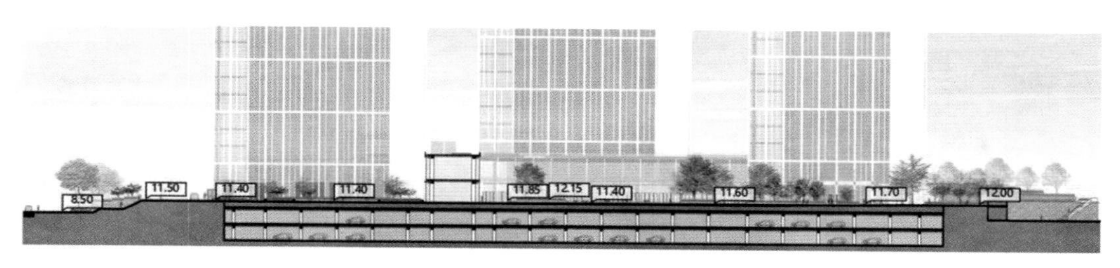

3.2.15　项目剖面图 2

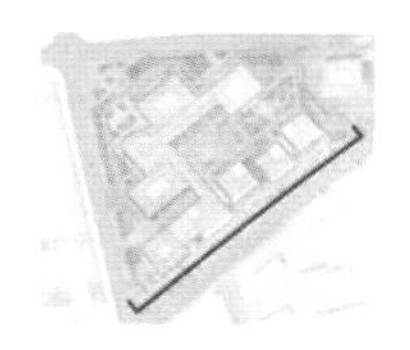

3.2.16　项目景观放大平面图 1

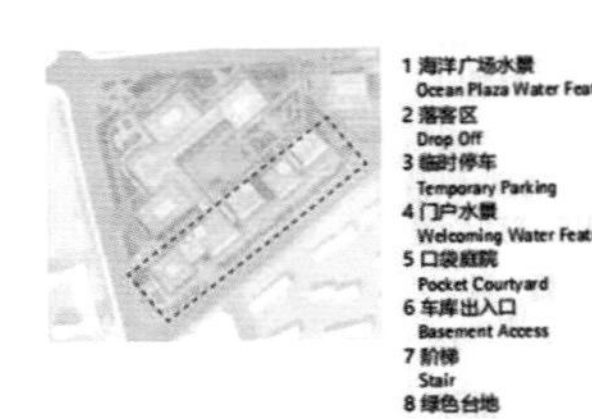

1 海洋广场水景
Ocean Plaza Water Feature
2 落客区
Drop Off
3 临时停车
Temporary Parking
4 门户水景
Welcoming Water Feature
5 口袋庭院
Pocket Courtyard
6 车库出入口
Basement Access
7 阶梯
Stair
8 绿色台地
Green Terrace

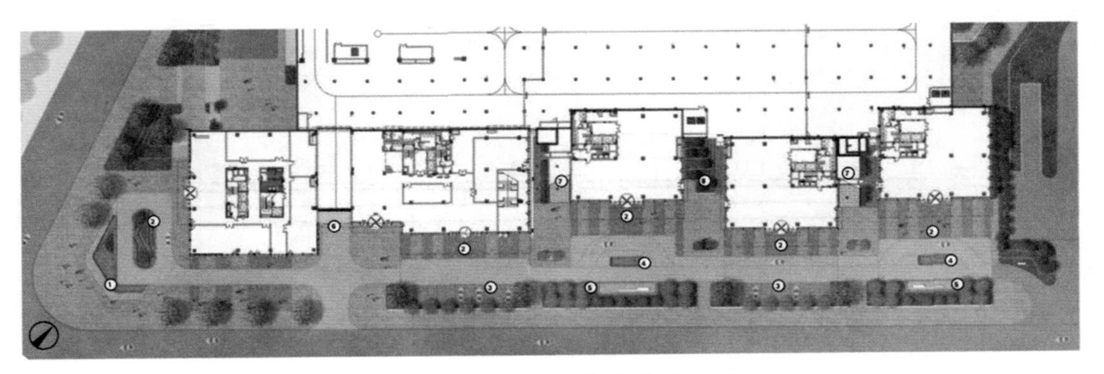

3.2.17 项目 T4 景观总平面图

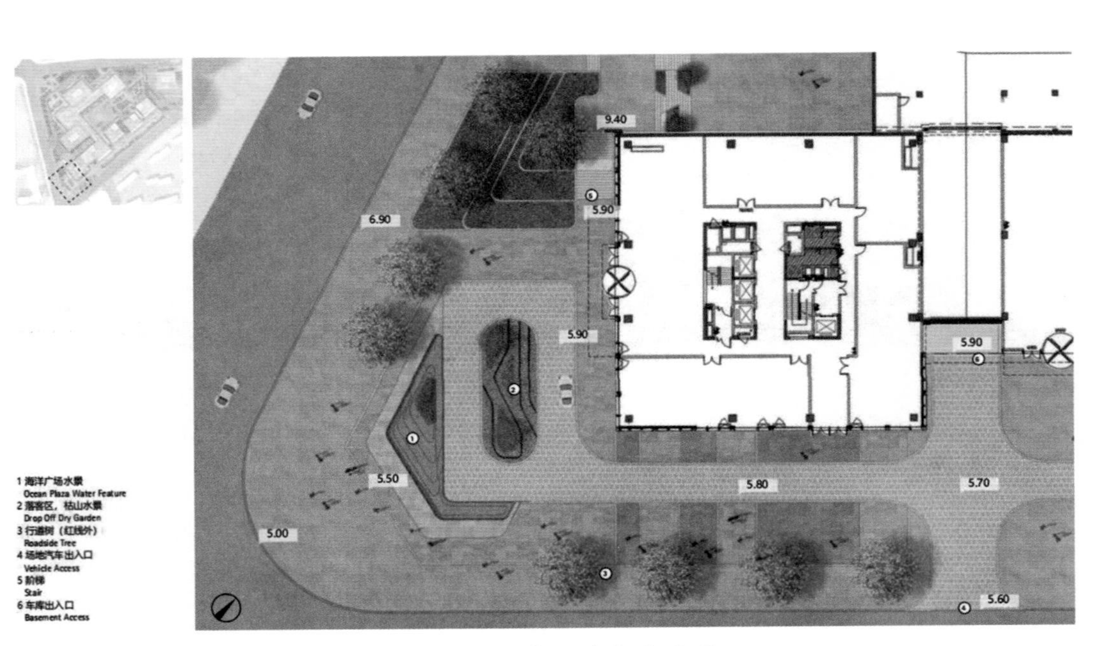

9.40
6.90
5.90
5.90
5.90
5.50
5.80
5.70
5.00
5.60
1 海洋广场水景
Ocean Plaza Water Feature
2 落客区，枯山水景
Drop Off Dry Garden
3 行道树（红线外）
Roadside Tree
4 场地汽车出入口
Vehicle Access
5 阶梯
Stair
6 车库出入口
Basement Access

3.2.18 项目景观放大平面图 2

3.2.19　园区街角景观

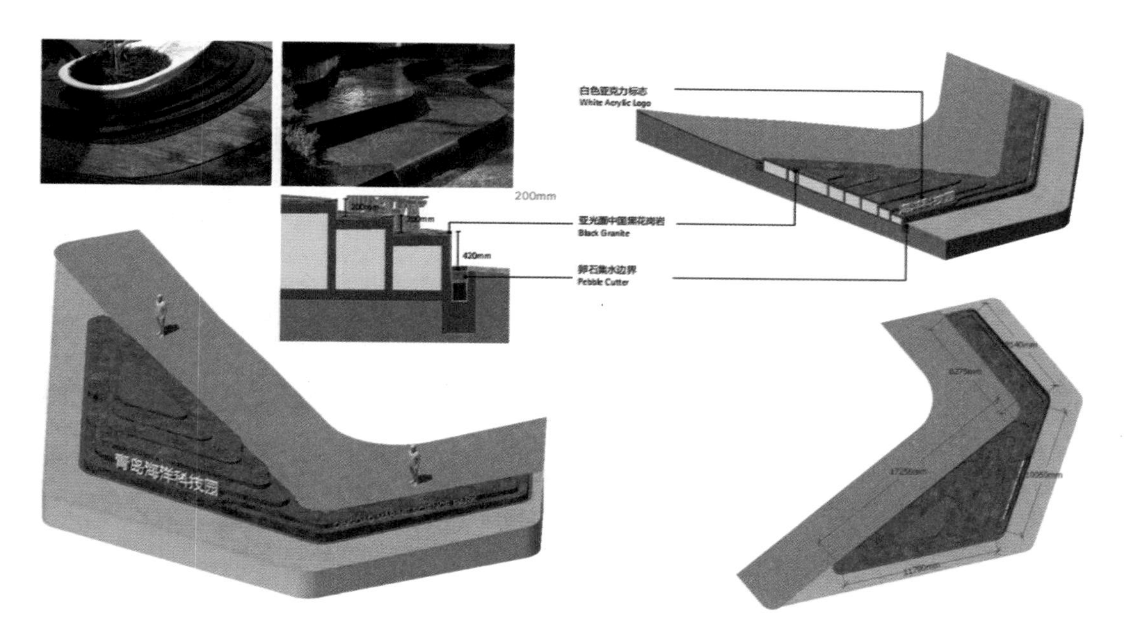

3.2.20　海洋广场详图

3.2.21　高层办公落客区景观

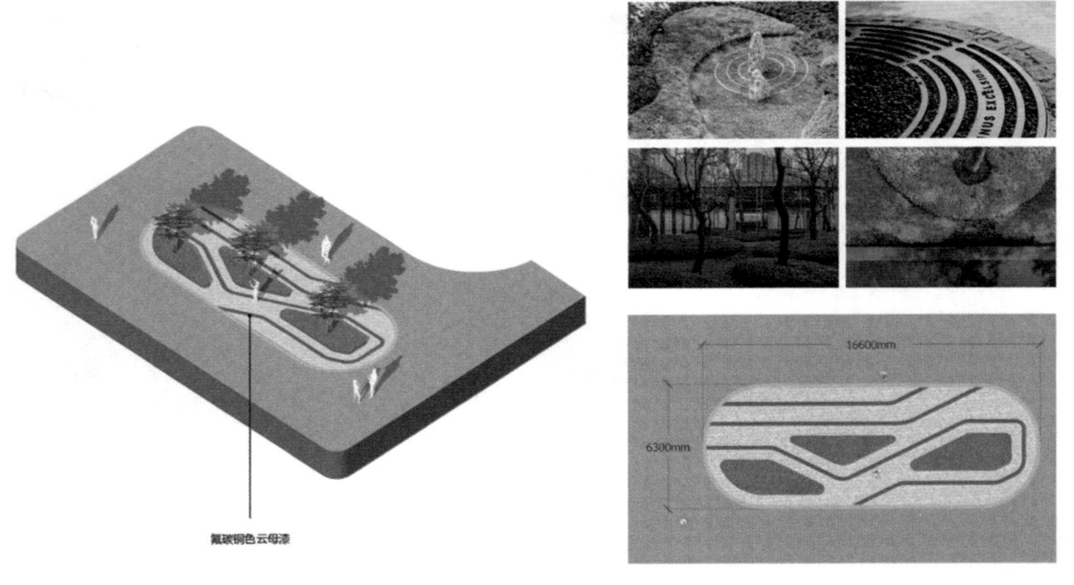

3.2.22　落客区景观放大详图

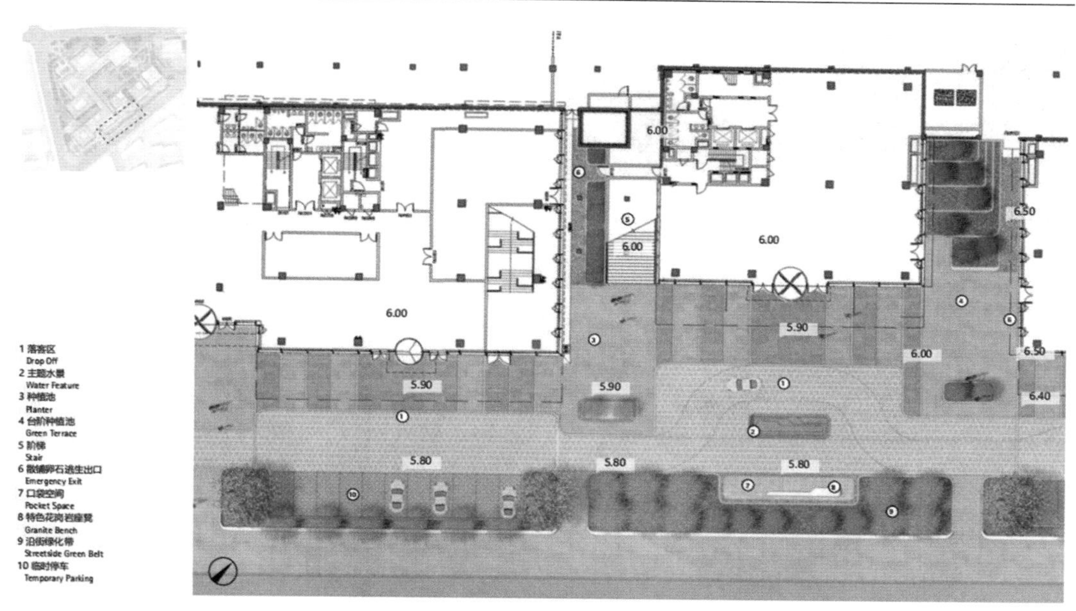

3.2.23 高层落客区总平面图

3.2.24 高层落客区景观

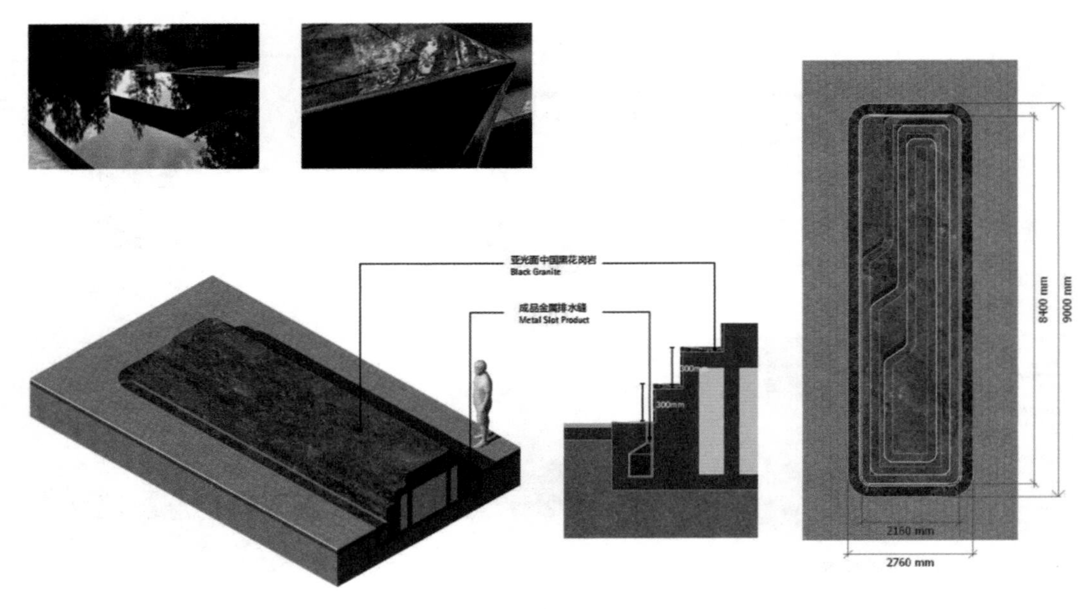

3.2.25 落客区水景详图

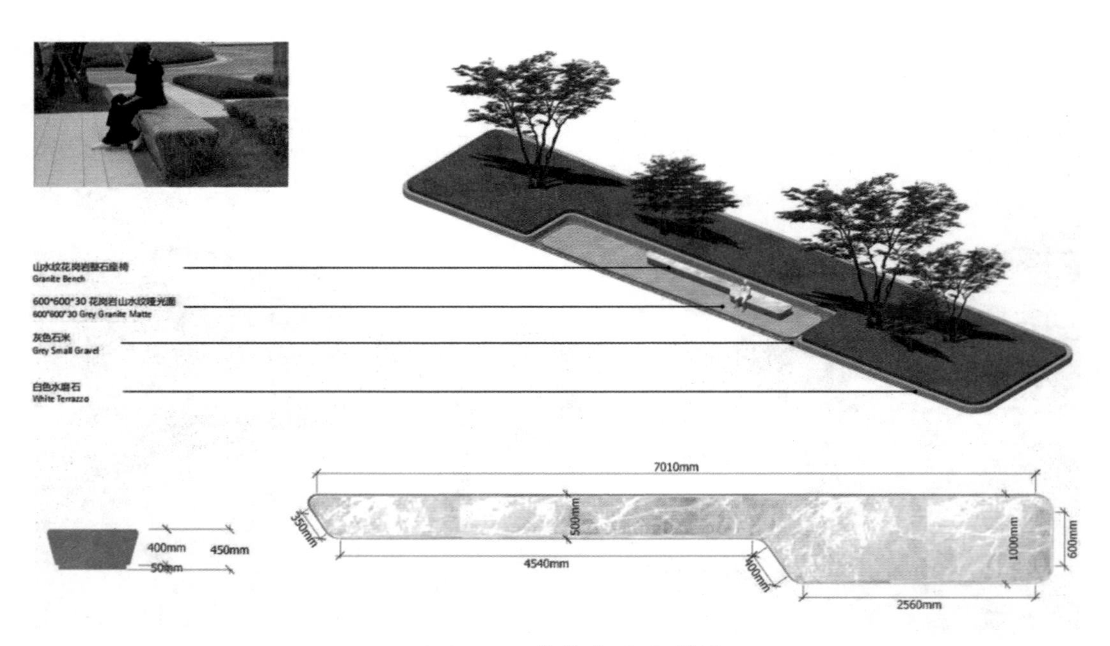

3.2.26 口袋休息平台详图

3.2.27　台阶种植池 1

3.2.28　台阶种植池 2

3.2.29 园区车行出入口

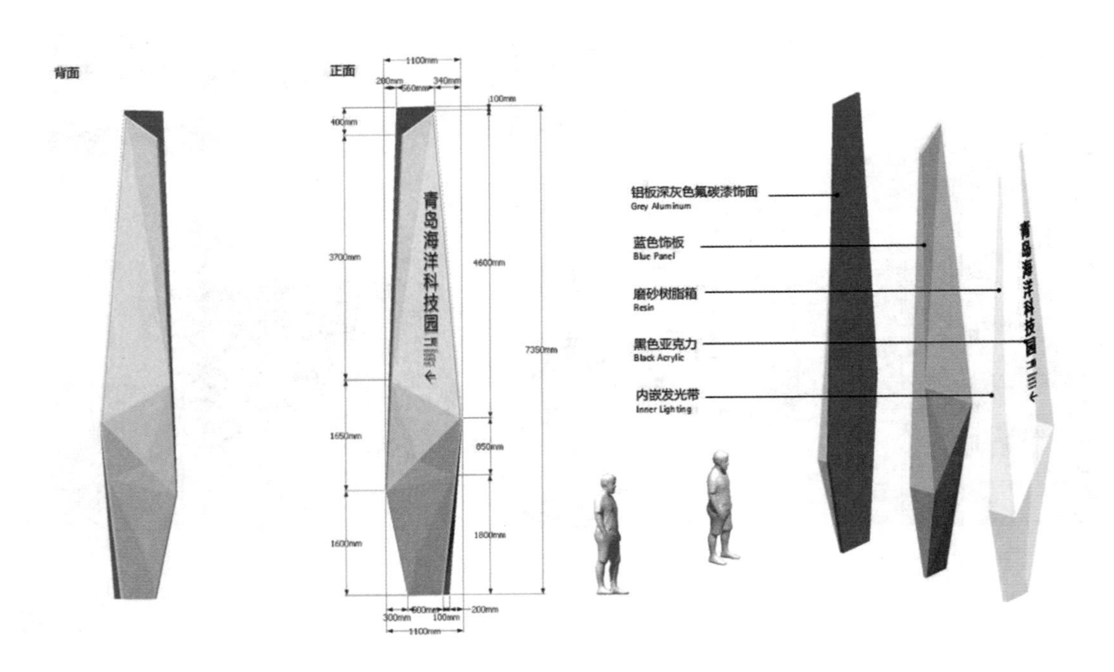

3.2.30 出入口主题标识详图

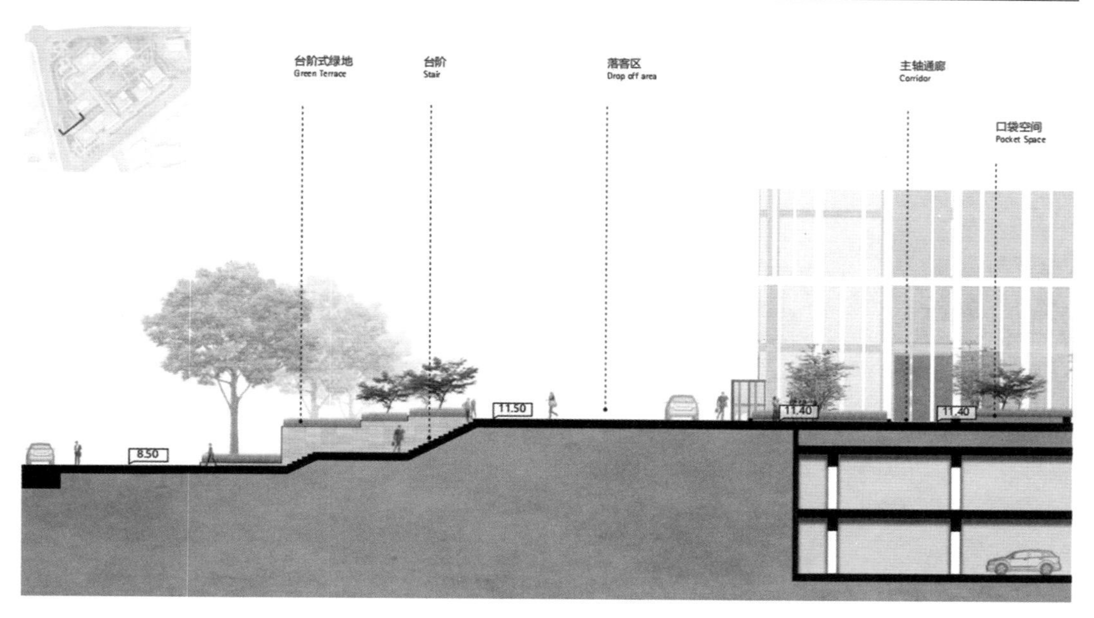

3.2.31　景观放大剖面图

3.2.32　台阶景观效果图

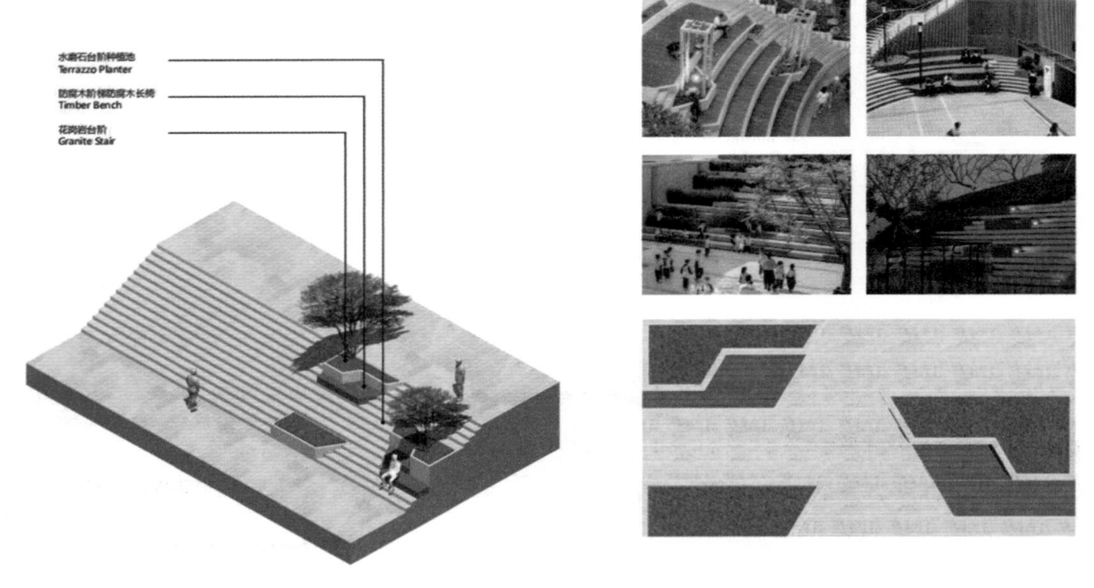

3.2.33　台阶详图

3.2.34　口袋休息平台

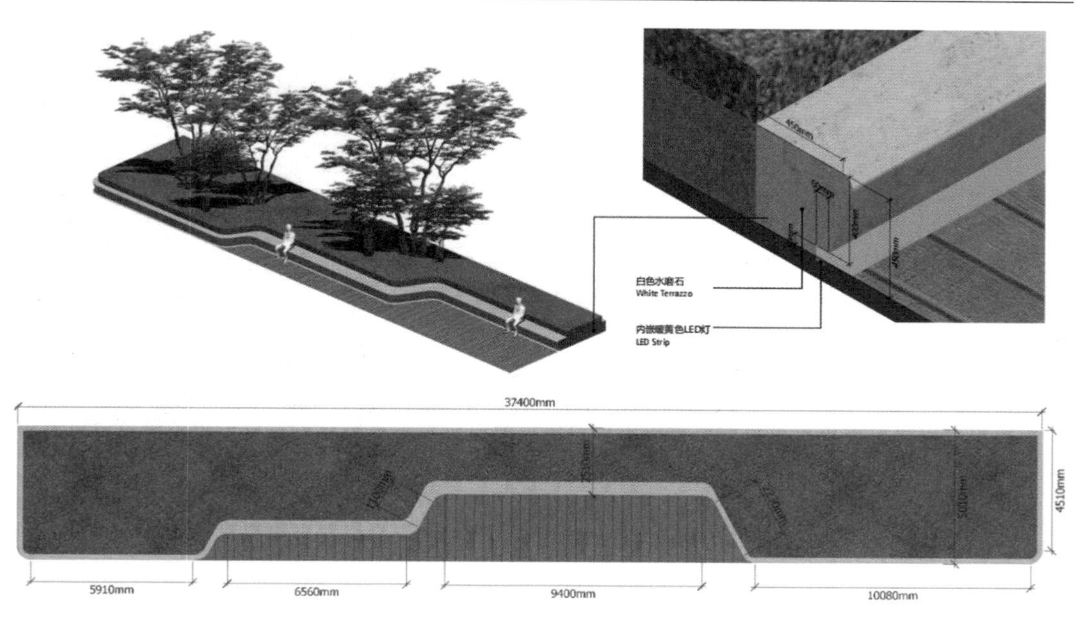

3.2.35　口袋平台详图

3.2.36　台阶景观效果图

3.2.37　中央庭院效果图

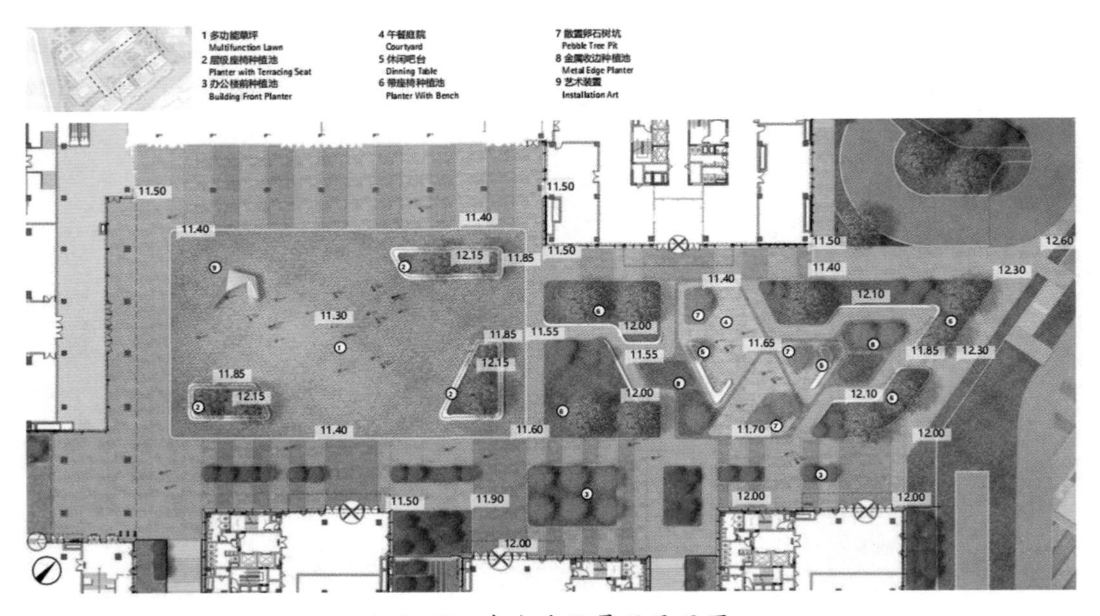

3.2.38　中央庭院景观平面图

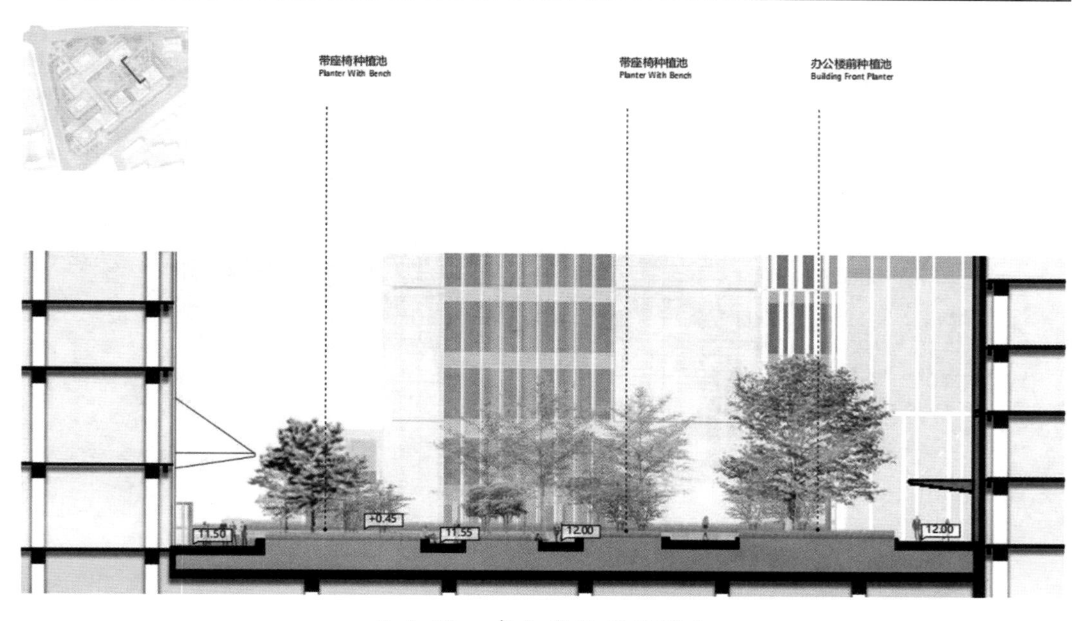

3.2.39　中央庭院剖面图 1

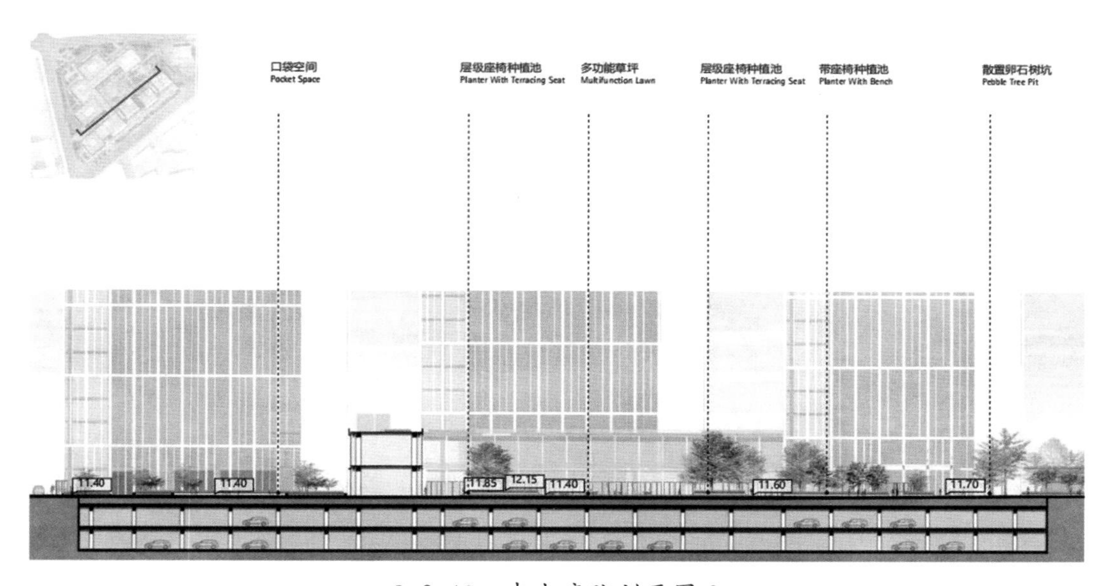

3.2.40　中央庭院剖面图 2

3.2.41　中央庭院内景图 1

3.2.42　中央庭院内景图 2

3.2.43　中央庭院内景图 3

3.2.44　中央庭院内景图 4

3.2.45 中央庭院午餐区

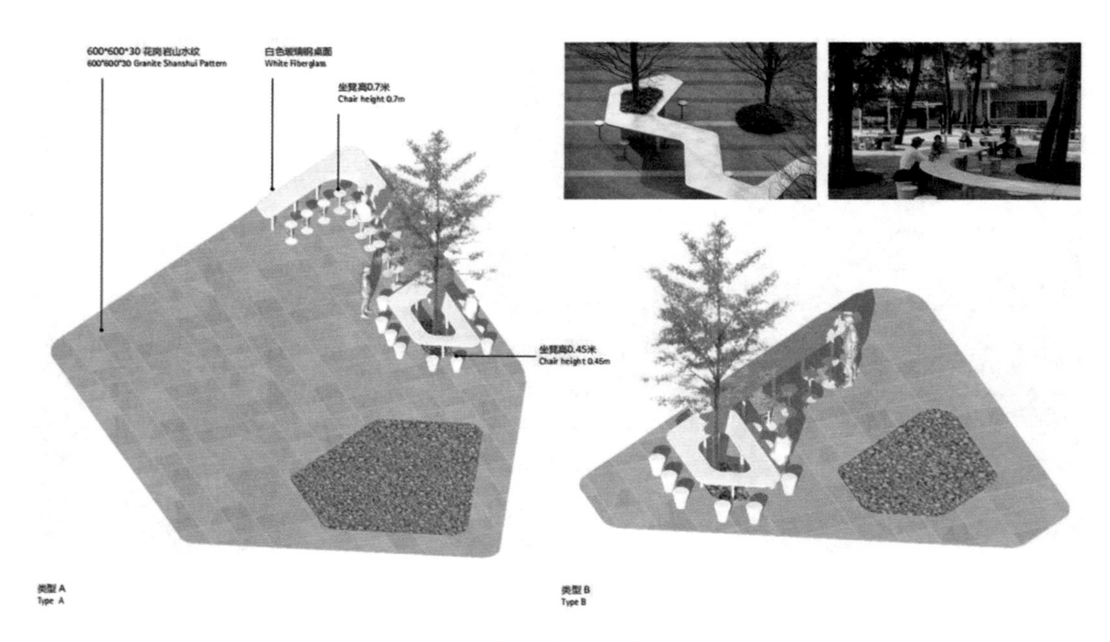

3.2.46 中央庭院午餐区详图

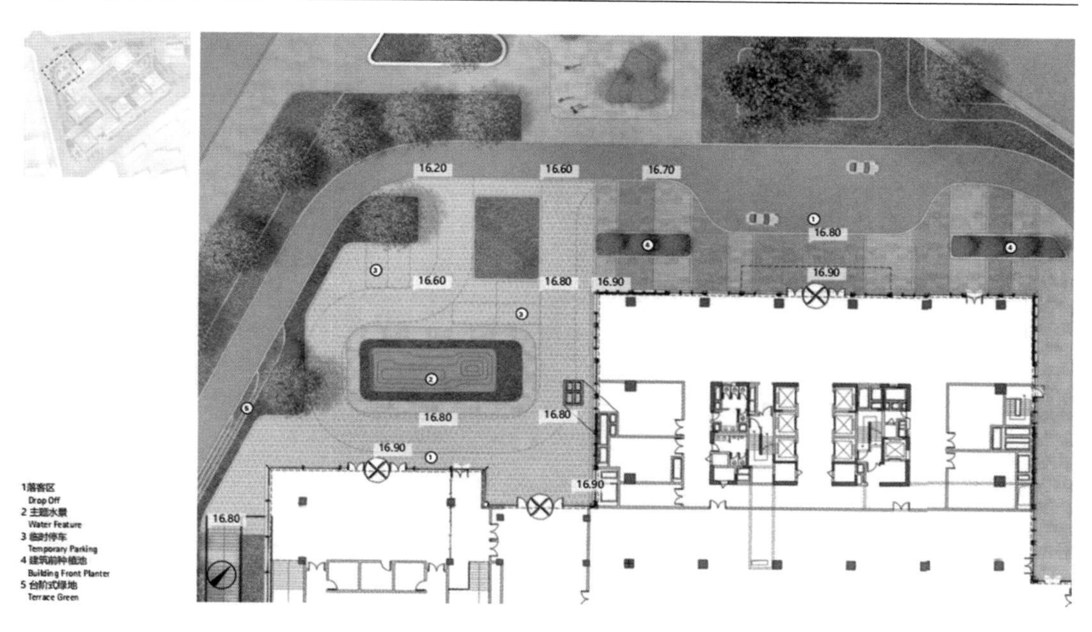
1落客区
Drop Off
2 主题水景
Water Feature
3 临时停车
Temporary Parking
4 建筑前种植池
Building Front Planter
5 台阶式绿地
Terrace Green
16.20
16.60
16.70
16.80
16.90

3.2.47　高层落客区平面图

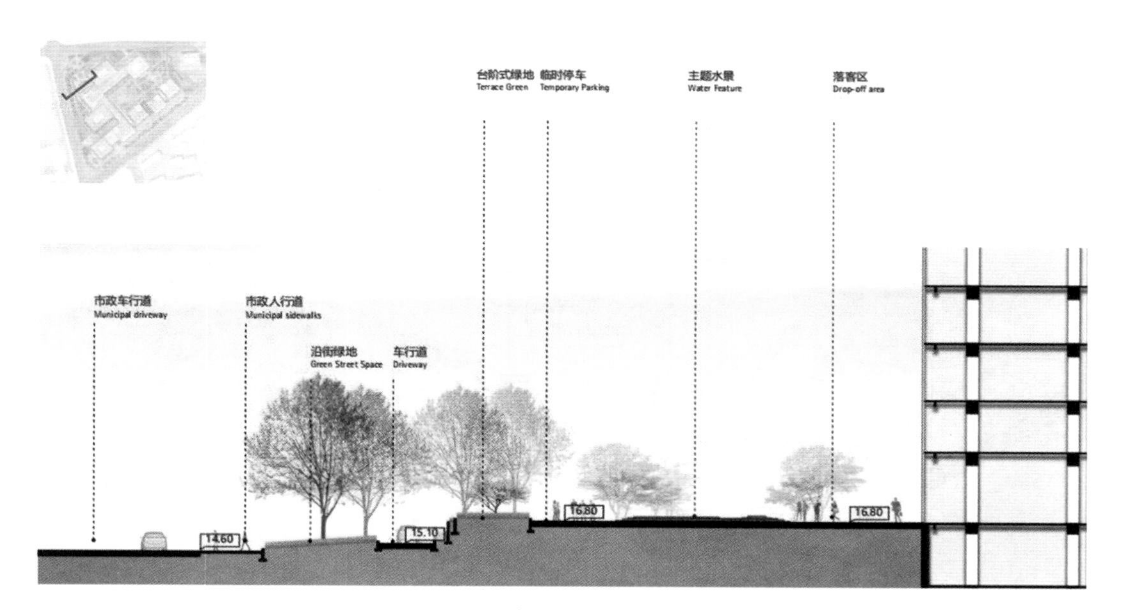
台阶式绿地
Terrace Green
临时停车
Temporary Parking
主题水景
Water Feature
落客区
Drop-off area
市政车行道
Municipal driveway
市政人行道
Municipal sidewalks
沿街绿地
Green Street Space
车行道
Driveway
14.60
15.10
16.80

3.2.48　高层落客区剖面图

3.2.49　高层落客区水景效果图

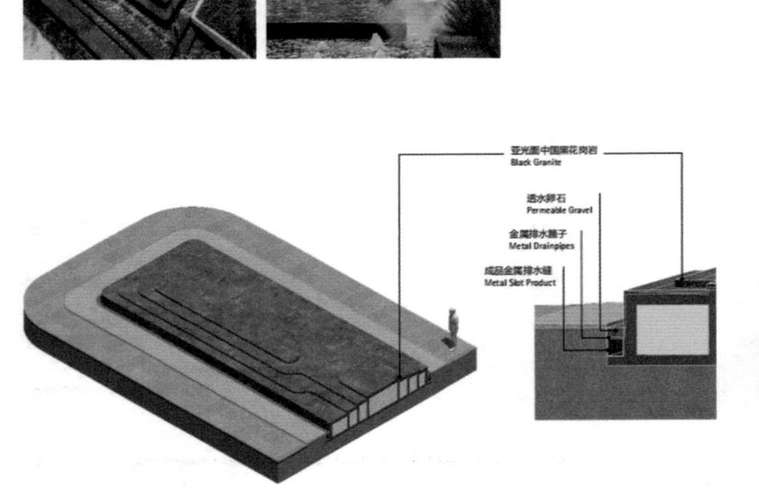

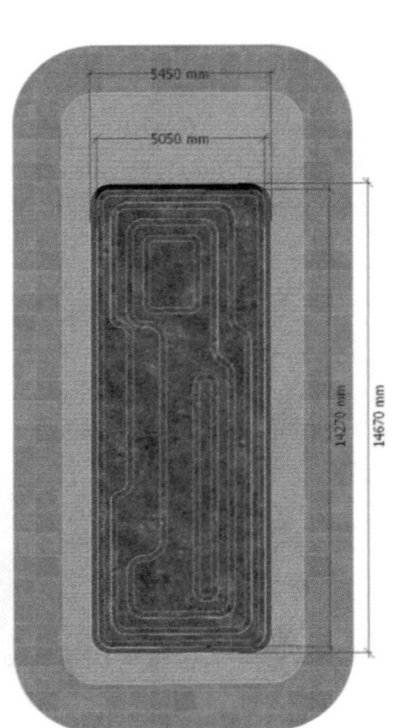

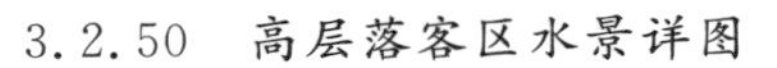

3.2.50　高层落客区水景详图

3.2.51 旱喷广场效果图

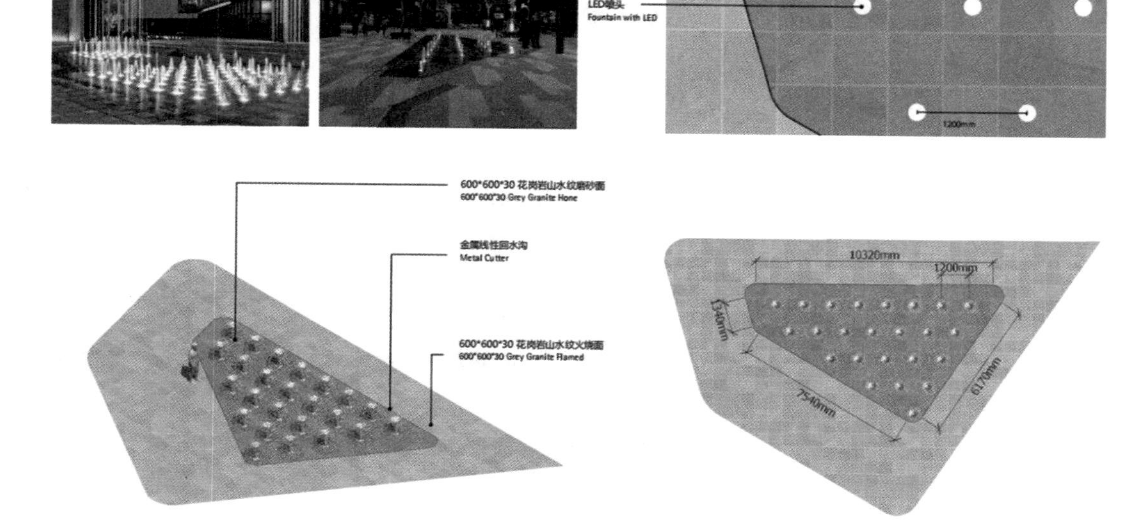

3.2.52 旱喷广场详图

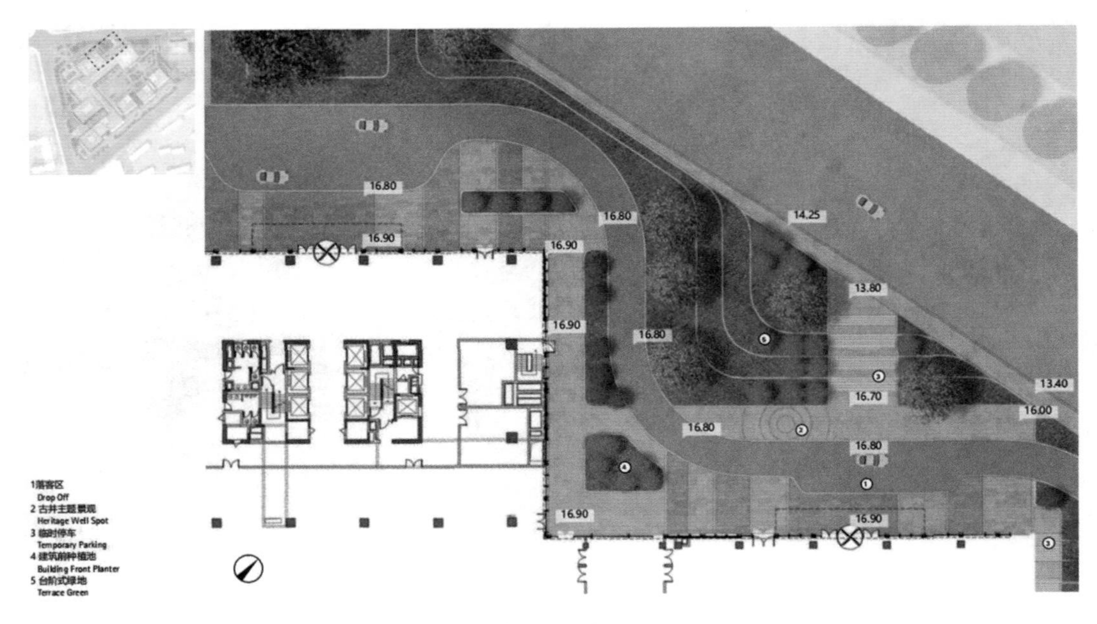

3.2.53 高层落客区平面图

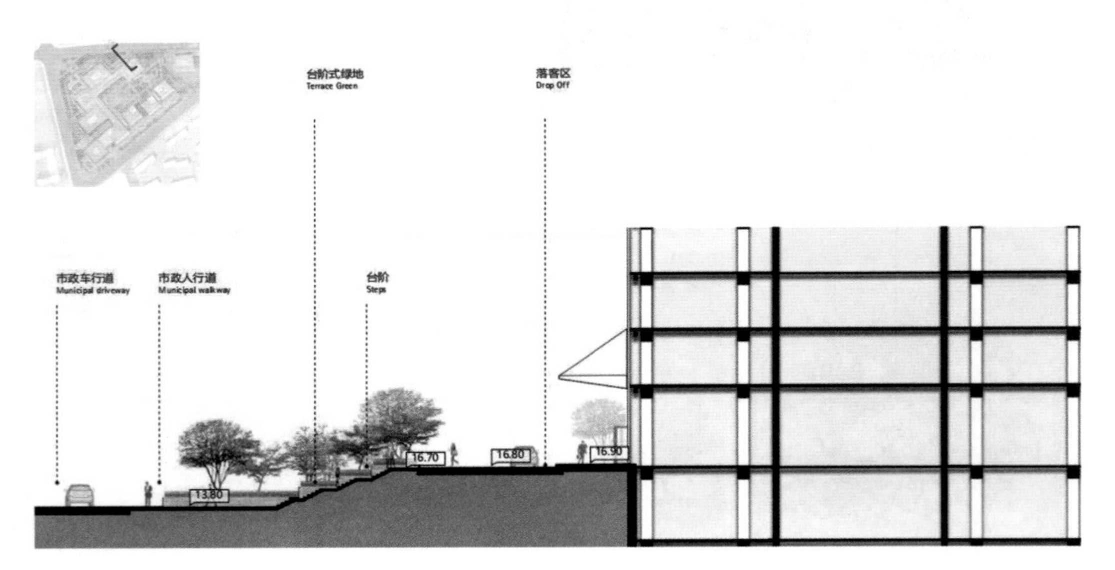

3.2.54 高层落客区剖面图

3.2.55　高层落客区效果图 1

3.2.56　高层落客区效果图 2

3.2.57　落客区局部详图

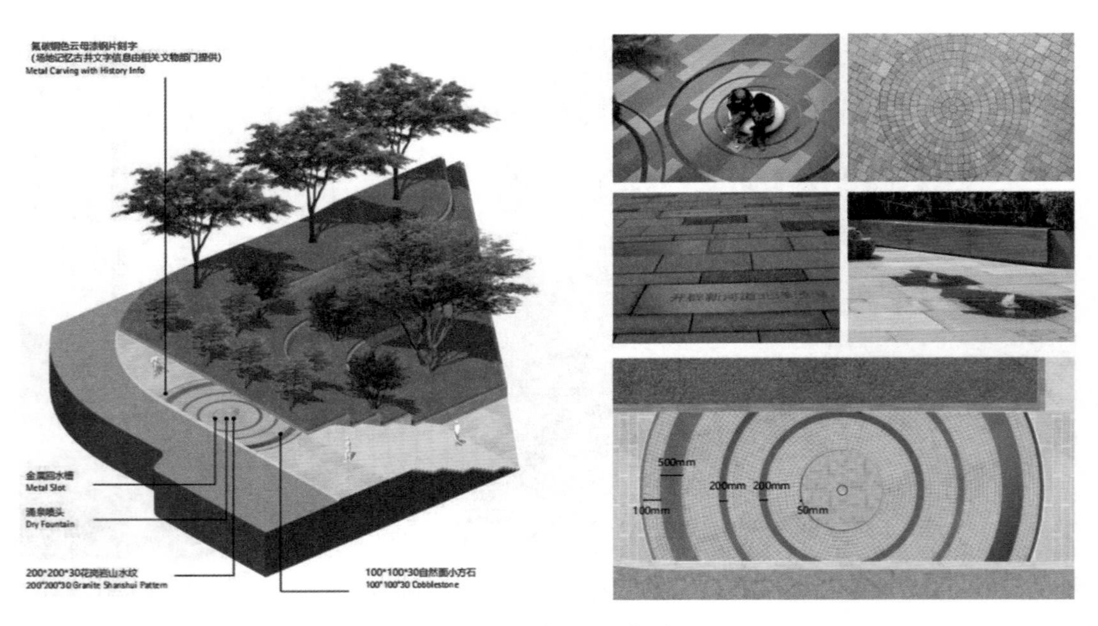

3.2.58　落客区铺装详图

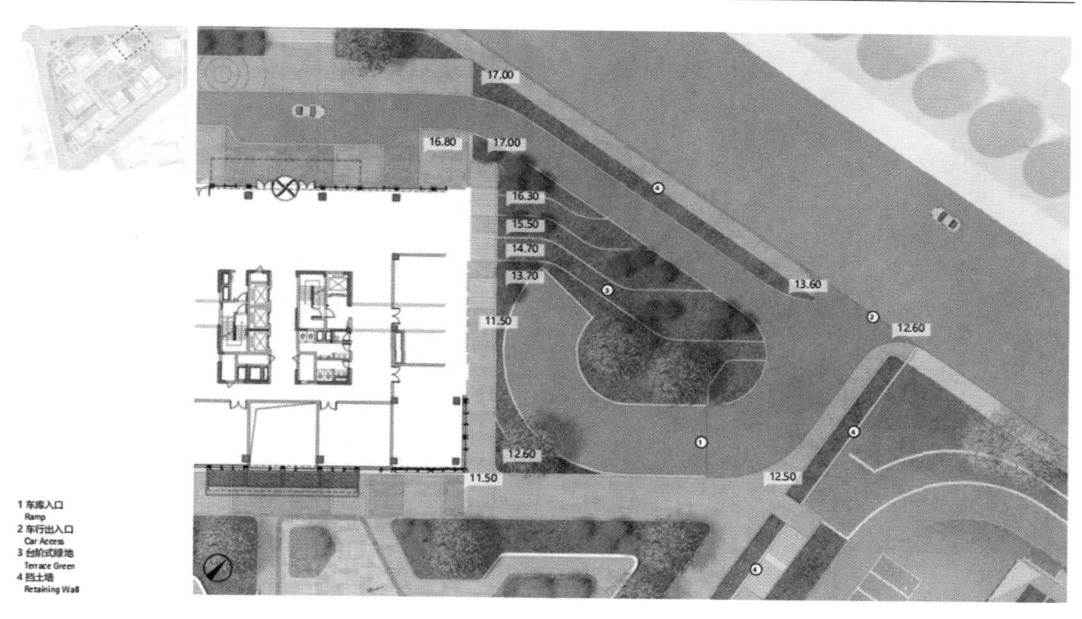

3.2.59　高层落客区平面图

3.2.60　高层落客区效果图 3

3.2.61　高层落客区效果图 4

绿色台地,高差处理区。通过特色挡土墙和台地式绿化解决场地高差区域,以不同明度的绿篱作为台地绿化的基础,更具高度的变化的地方搭配以适量观草类植物和攀缘植物。注重乔木的层次与季节变化,通过自然式种植方式弱化挡墙的消极影响。

街旁绿地。其集中于场地南侧,是重要的车型片区。通过规则的乔木列植手段营造空间的序列感,而场地利用绿篱强调线性空间的秩序感,再则通过观叶类灌木增加植物的自然情绪。

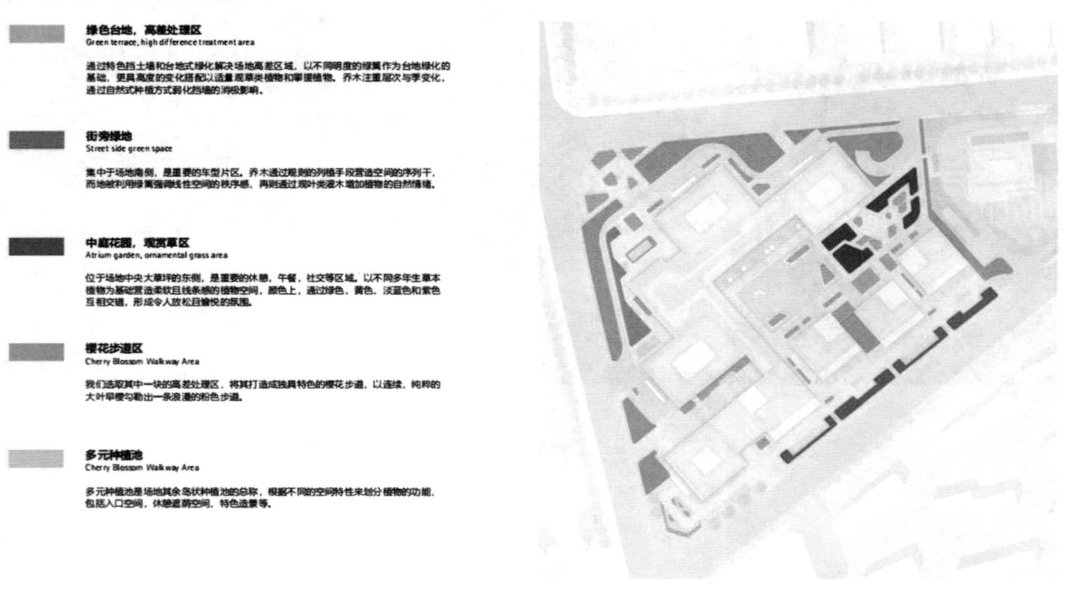

3.2.62　种植设计规划

中庭花园,观赏草区。其位于场地中央大草坪的东侧,是重要的休憩、午餐、社交等区域。以不同的多年生草本植物为基础,营造柔软且具有线条感的植物空间,颜色

上，通过绿色、黄色、淡蓝色和紫色的互相交错，营造令人放松且愉悦的氛围。

樱花步道区。选取其中一块的高差处理区，将其打造成独具特色的樱花步道，以连续、纯粹的大叶早樱勾勒出一条浪漫的粉色步道。

多元种植池。多元种植池是场地内其余岛状种植池的总称，根据不同的空间特性来划分植物的功能，包括入口空间、休憩遮阴空间、特色造景等。

   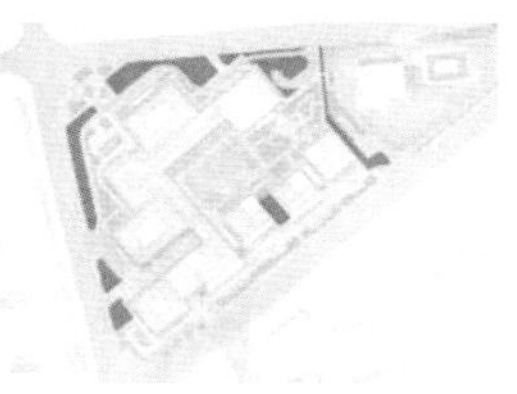

3.2.63　种植池规划设想

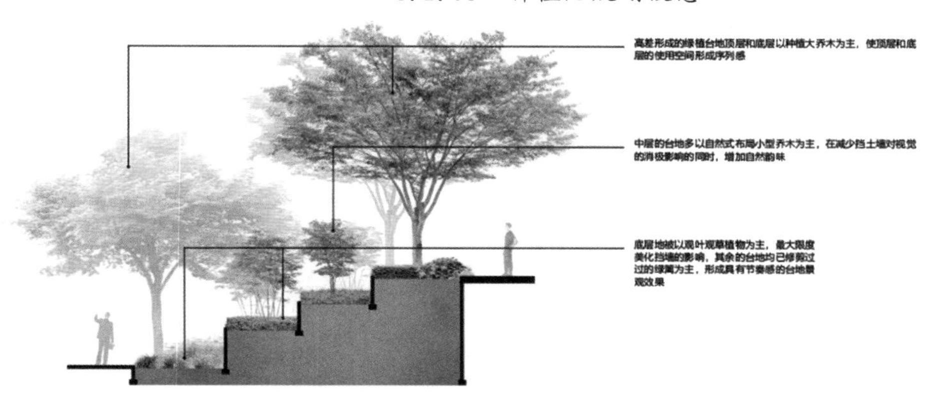

高差形成的绿植台地顶层和底层以种植大乔木为主，使顶层和底层的使用空间形成序列感
中层的台地多以自然式布局小型乔木为主，在减少挡土墙对视觉的消极影响的同时，增加自然韵味
底层地被以观叶观草植物为主，最大限度美化挡墙的影响，其余的台地均已修剪过过的绿篱为主，形成具有节奏感的台地景观效果

3.2.64　种植池剖面图

   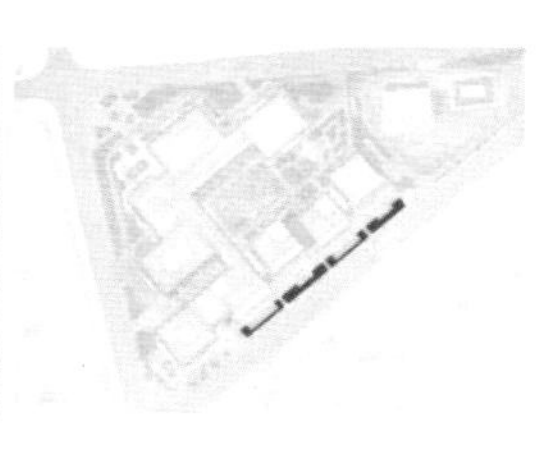

3.2.65　沿街种植规划

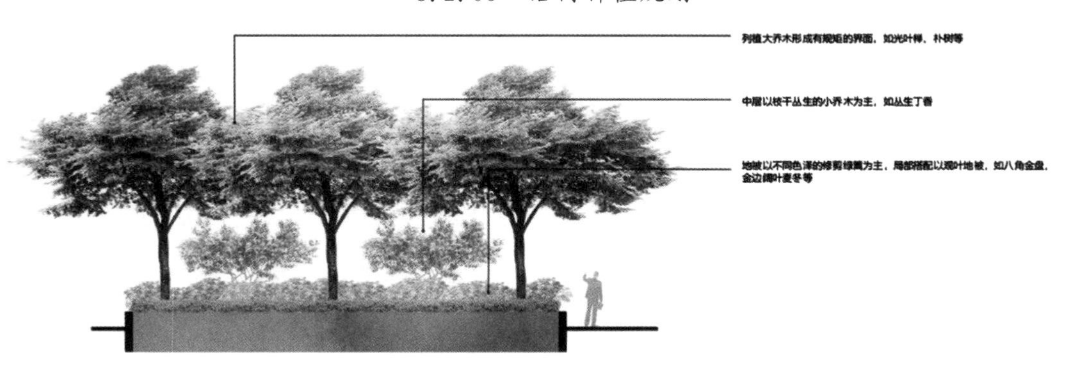

3.2.66　沿街种植层次

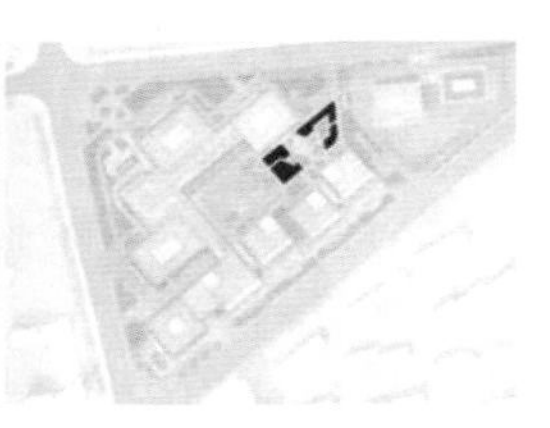

3.2.67 内庭院种植池设计

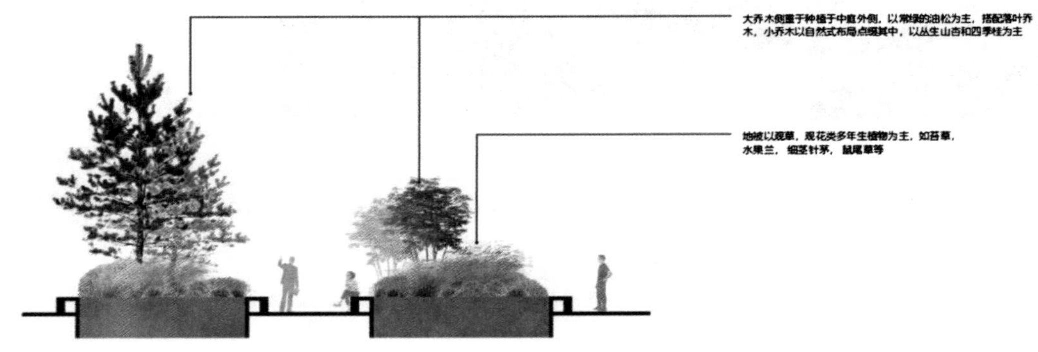

3.2.68 内庭院种植池剖面图

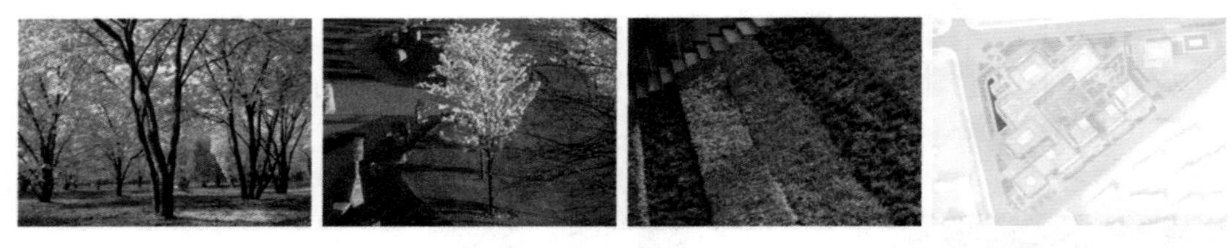

3.2.69 沿街台阶种植池规划

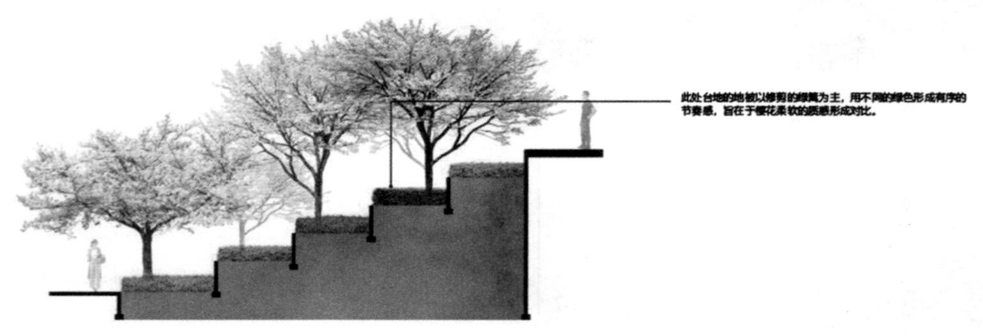

3.2.70 台阶种植池剖面图

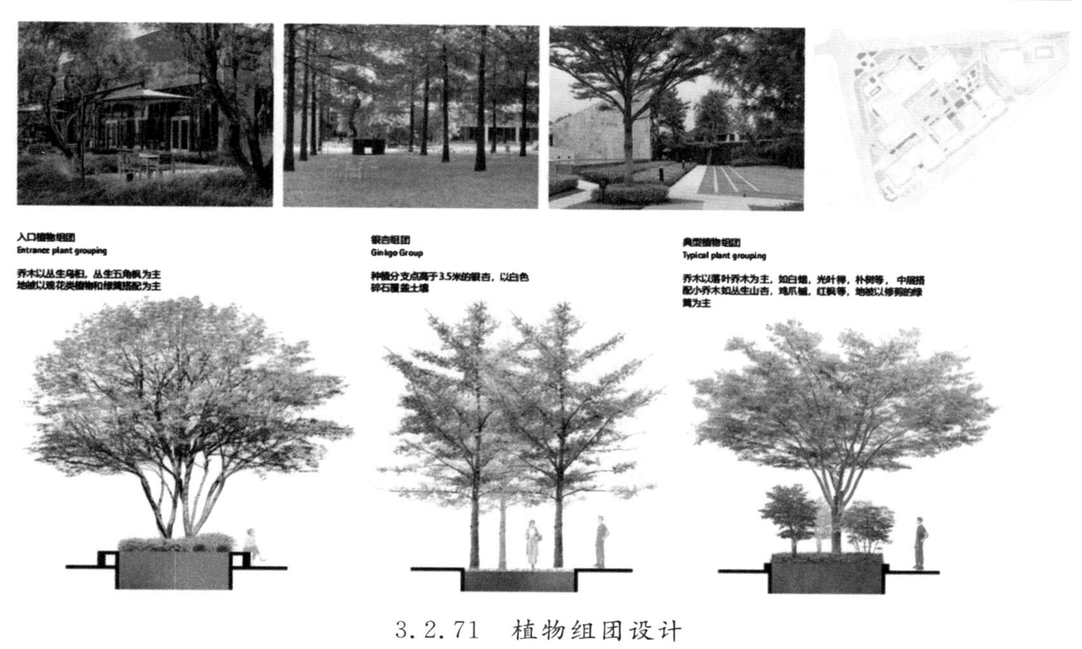

入口植物组团
Entrance plant grouping
乔木以丛生乌桕，丛生五角枫为主
地被以观花类植物和绿篱搭配为主
银杏组团
Ginkgo Group
种植分支点高于3.5米的银杏，以白色
碎石覆盖土壤
典型植物组团
Typical plant grouping
乔木以落叶乔木为主，如白蜡，光叶榉，朴树等，中层搭
配小乔木如丛生山杏，鸡爪槭，红枫等，地被以修剪的绿
篱为主

3.2.71　植物组团设计

保留古树 Preservation of ancient trees
特选丛生五角枫 Acer mono Maxim
油松 Pinus tabuliformis
丛生乌桕 Sapium sebiferum (L.) Roxb
大叶早樱 Cerasus subhirtella (Miq.) Sok
银杏 Ginkgo biloba
白蜡 Fraxinus chinensis
光叶榉 Zelkova serrata
朴树 Celtis sinensis Pers
丛生山杏 Armeniaca sibirica (L.) Lam
四季桂 Osmanthus fragrans var. semperflorens
鸡爪槭 Acer palmatum
红枫 Acer palmatum ‚Atropurpureum'
丛生丁香 Syringa oblata Lindl.
南天竹 Nandina domestica

3.2.72　乔木分布图

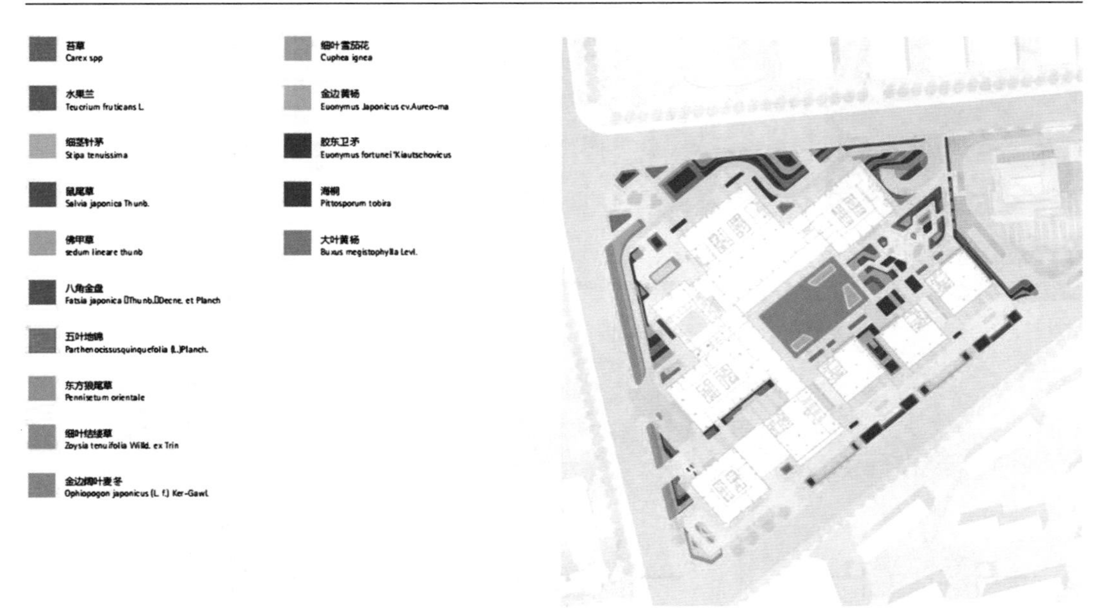
苔草
Carex spp
水果兰
Teucrium fruticans L.
细茎针茅
Stipa tenuissima
鼠尾草
Salvia japonica Thunb.
佛甲草
sedum lineare thunb
八角金盘
Fatsia japonica (Thunb.) Decne. et Planch
五叶地锦
Parthenocissusquinquefolia (L.)Planch.
东方狼尾草
Pennisetum orientale
细叶结缕草
Zoysia tenuifolia Willd. ex Trin
金边阔叶麦冬
Ophiopogon japonicus (L. f.) Ker-Gawl.
细叶雪茄花
Cuphea ignea
金边黄杨
Euonymus Japonicus cv.Aureo-ma
胶东卫矛
Euonymus fortunei 'Kiautschovicus
海桐
Pittosporum tobira
大叶黄杨
Buxus megistophylla Levl.

3.2.73 灌木分布图

朴树
Celtis sinensis Pers
丛生乌桕
Sapium sebiferum (L.) Roxb
油松
Pinus tabuliformis
特选丛生五角枫
Acer mono Maxim
银杏
Ginkgo biloba
白蜡
Fraxinus chinensis
光叶榉
Zelkova serrata
丛生山杏
Armeniaca sibirica (L.) Lam
四季桂
Osmanthus fragrans var. semperflorens
大叶早樱
Cerasus subhirtella (Miq.) Sok
丛生丁香
Syringa oblata Lindl.
鸡爪槭
Acer palmatum
红枫
Acer palmatum 'Atropurpureum'
南天竹
Nandina domestica

3.2.74 乔木品类

3.2.75　灌木品类

项目景观设计由园区主要景观轴串联多个景观节点空间，丰富场地活动。出入口结合水景、主题雕塑、logo标识，打造出震撼人心的景观效果；主轴线中的活动广场富有韵律和变化，创意景观小品给人以美的享受；空间小庭院结合水景、雕塑小品、艺术台阶等营造不同的氛围。整个景观设计融入了科技、艺术、人文等元素，打造出一个独特、有内涵的现代产业园景观环境。

第三节　青岛国际海洋信息港(1.7区项目)

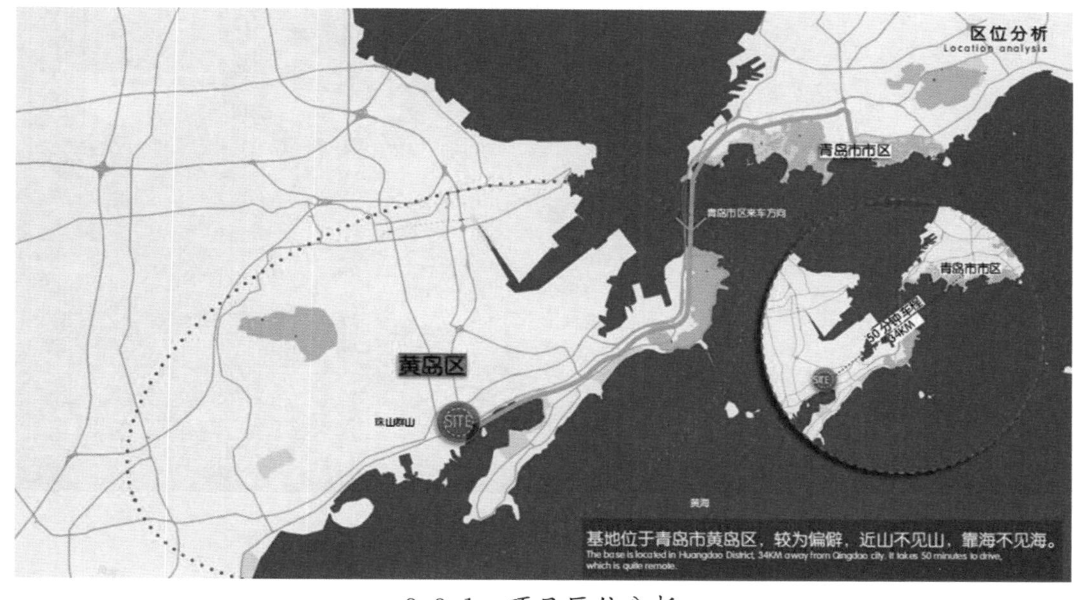

3.3.1　项目区位分析

青岛国际海洋信息港项目的景观设计范围，由图中所示的红线用地范围及其东侧沿峨眉山路的市政景观绿化带部分组成，红线内景观设计面积约 2.3 万平方米，红线外设计面积约 0.5 万平方米；场地南低北高，高差约 4 米；场地东低西高，高差约 2 米。

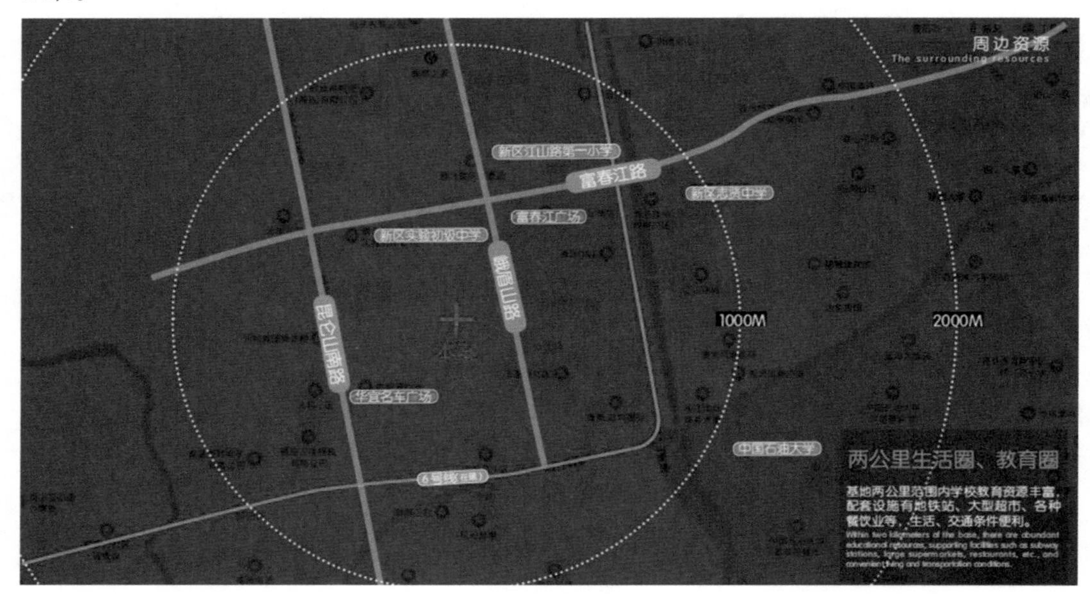

3.3.2　项目位置分析

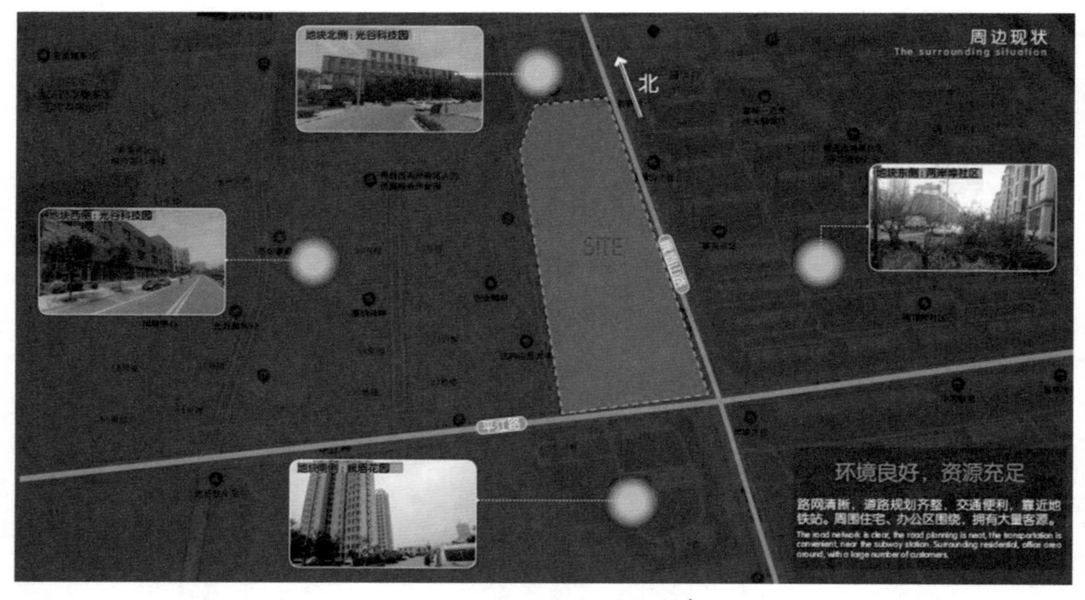

3.3.3　项目周边现状分析

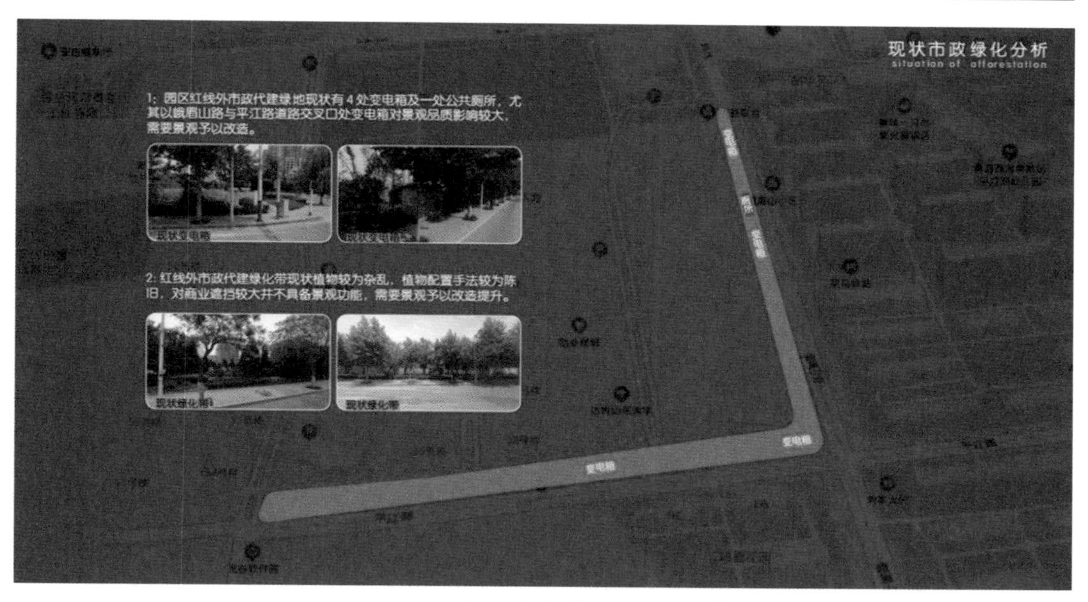

3.3.4　项目周边市政绿化分析

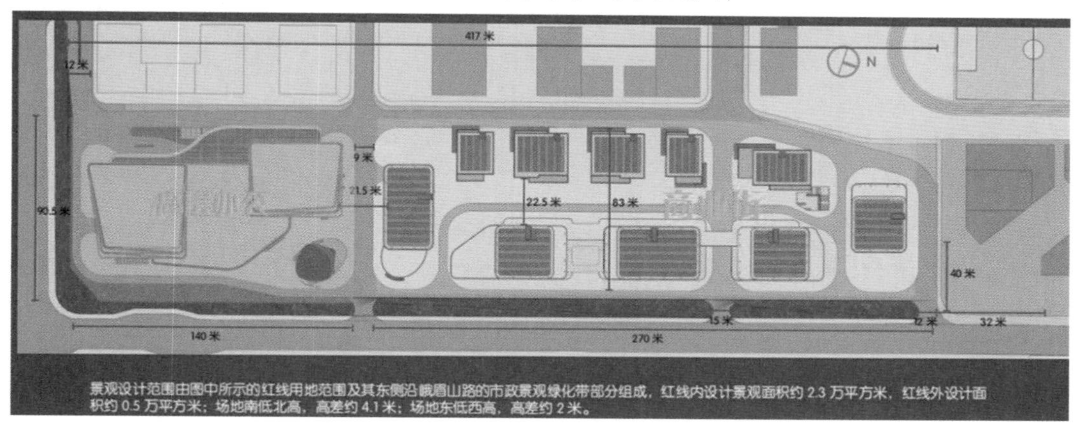

3.3.5　项目设计范围和场地高差分析

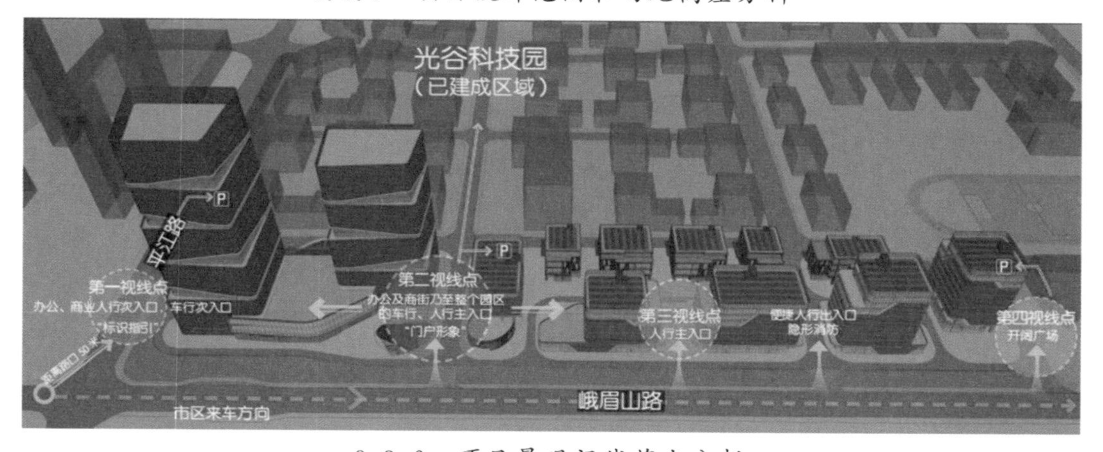

3.3.6　项目景观视线节点分析

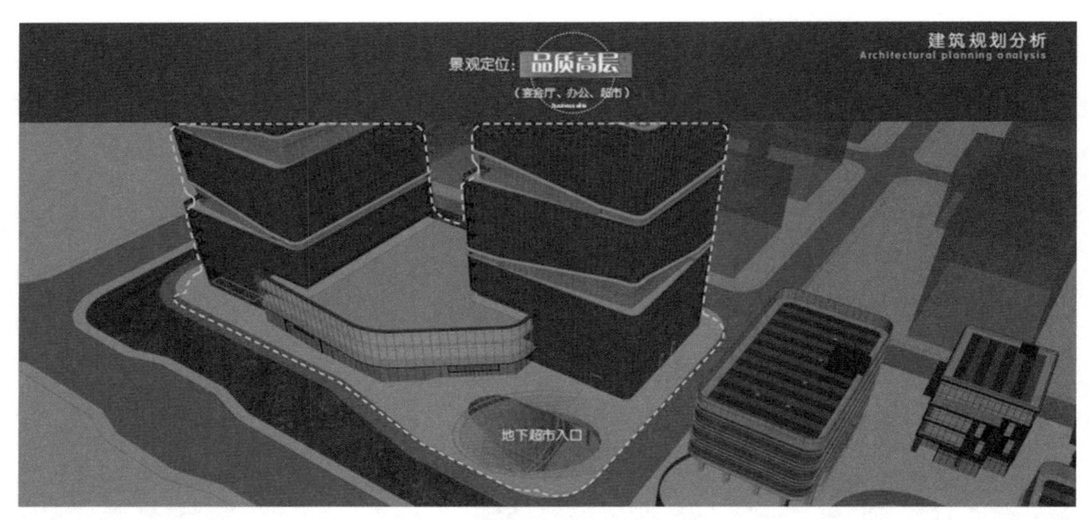

3.3.7 项目建筑规划分析 1

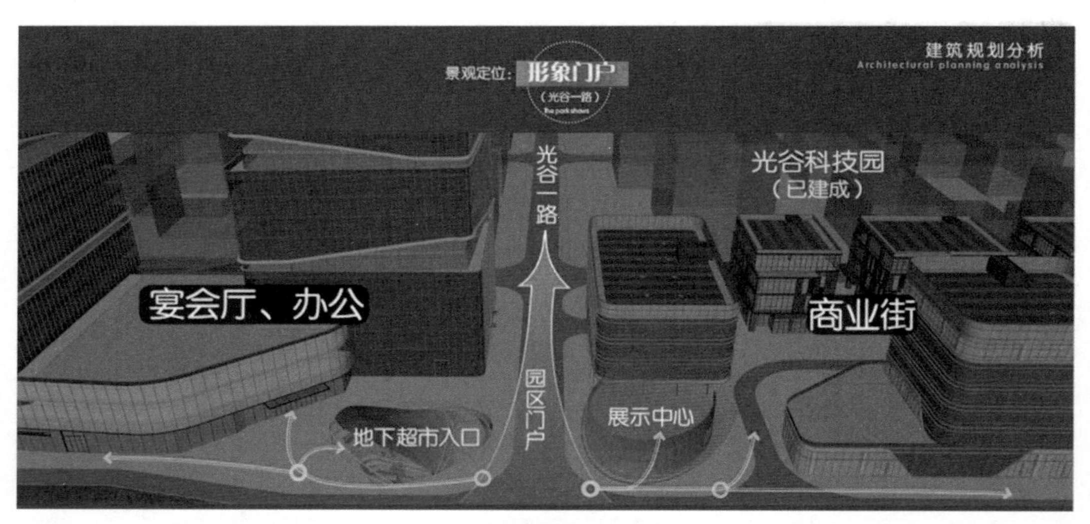

3.3.8 项目建筑规划分析 2

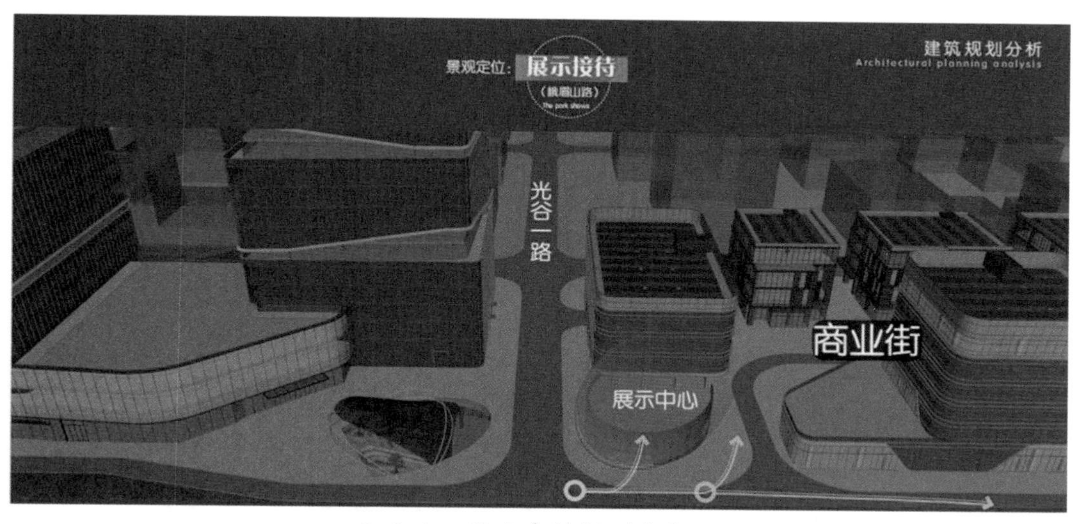

3.3.9　项目建筑规划分析 3

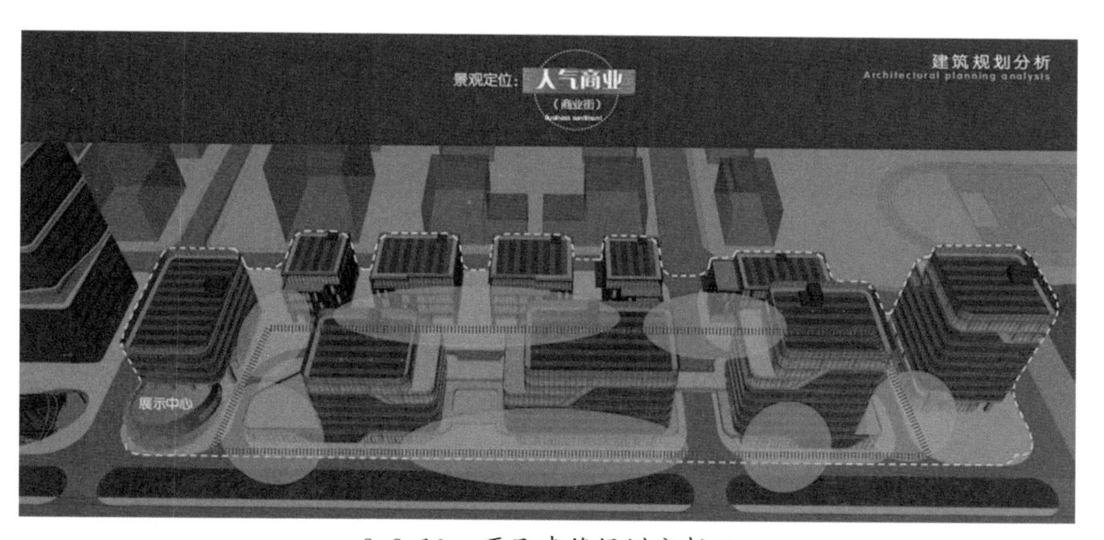

3.3.10　项目建筑规划分析 4

3.3.11 项目客群分析

本项目以强有力的现代主题——芯片为载体，光、电互联展开想象，将探索、绿色、趣味等一系列的人为行动探知运用到景观中，协调各种设计元素，形成统一的设计语言，创造独一无二的设计，形成标志性成果，给整个场地带来城市的记忆。

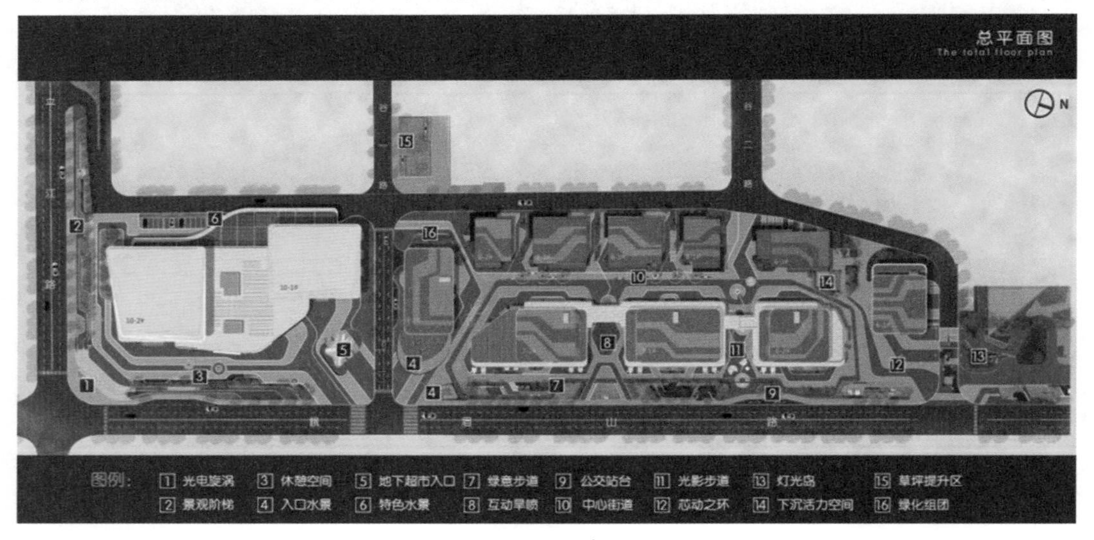

3.3.12 项目总平面图

3.3.13　项目鸟瞰图

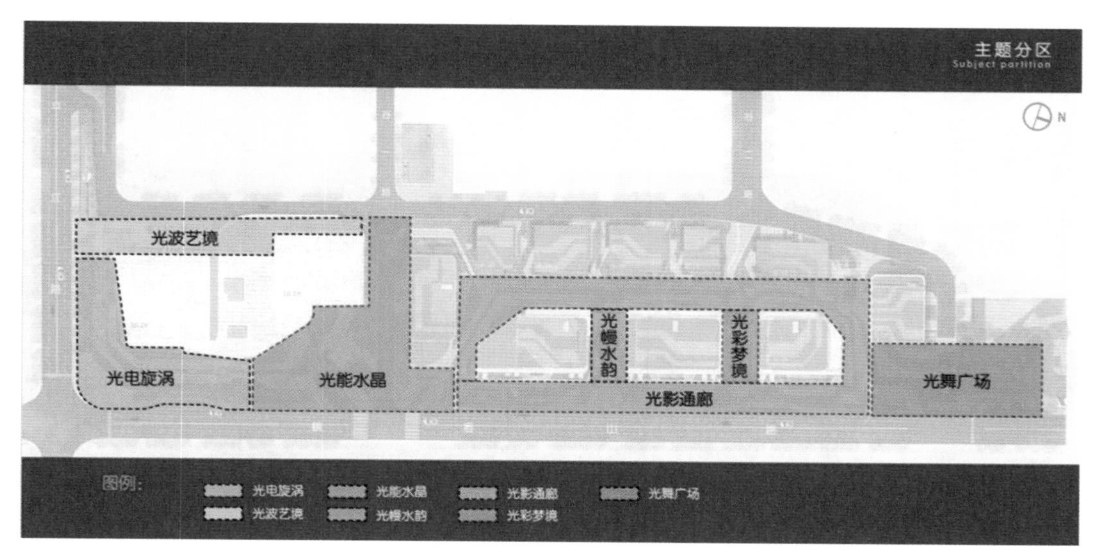

3.3.14　项目主题分区

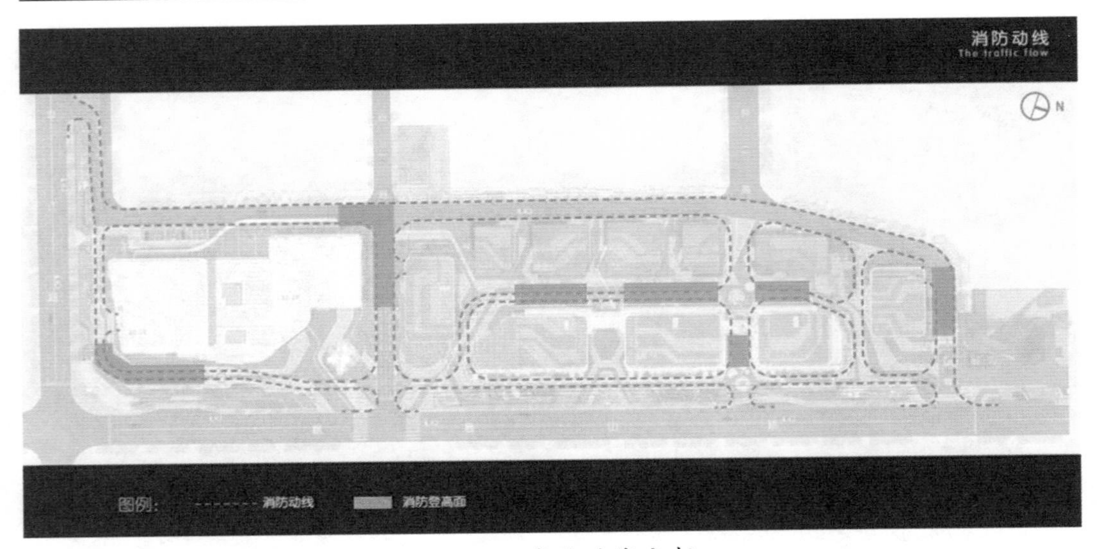

3.3.15 消防动线分析

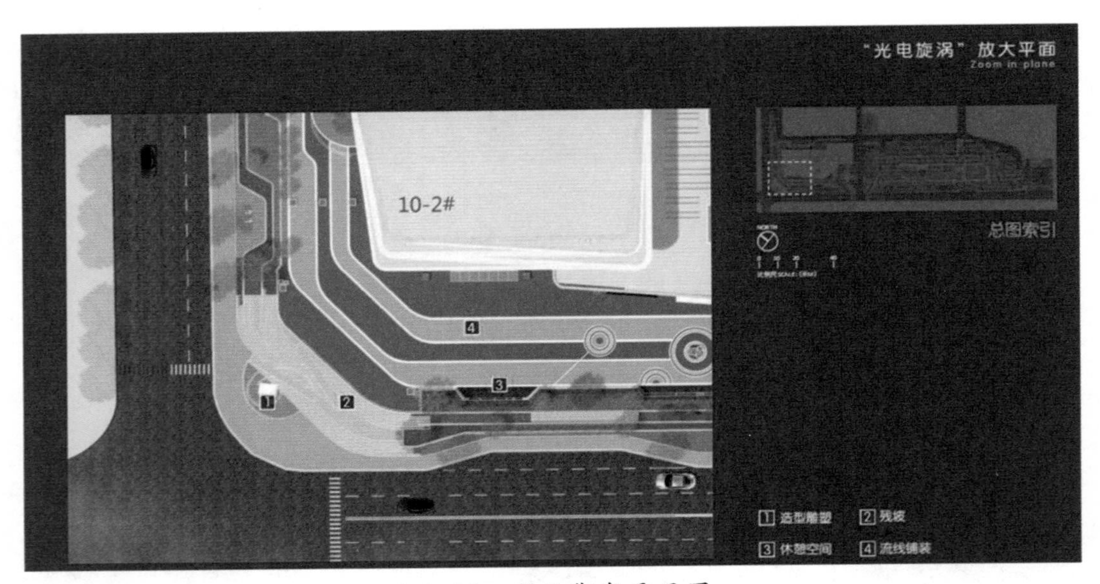

3.3.16 项目街角平面图

此入口是市区来车方向第一视点，将主题雕塑、残坡与台阶结合起来打造，形成整体统一的形象界面，削弱 10-2# 建筑尖角对市政视线的影响。

3.3.17　项目街角效果图

3.3.18　项目沿街景观效果图

3.3.19　项目沿街内部铺装效果图

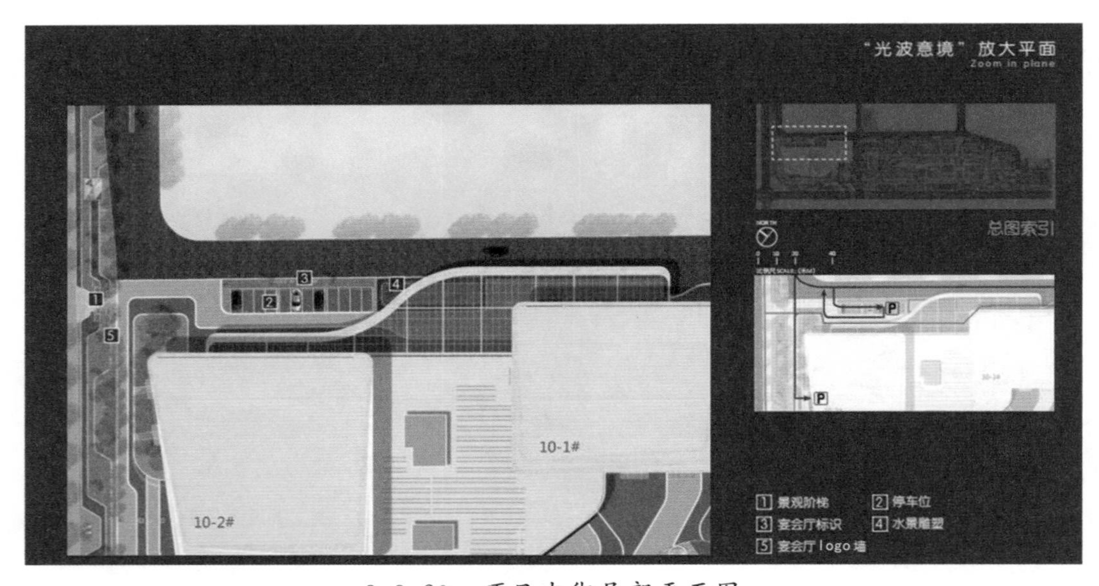

3.3.20　项目内街局部平面图

将宴会厅人行入口南移，结合景观台阶与 logo 墙，在平江路上形成入口迎宾区，廊下人行空间最大化，地面车位仅供贵宾使用，其余车辆一律进入南侧地库。

3.3.21　项目内街人行入口

3.3.22　项目内街机动车停放区

3.3.23　沿街主题水景雕塑

3.3.24　沿街水景效果图

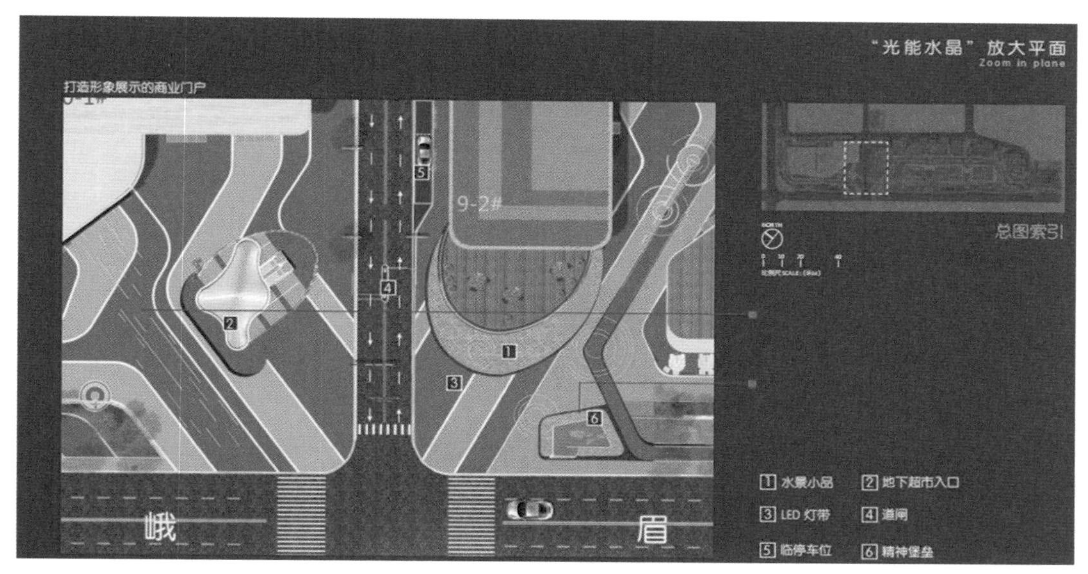

3.3.25 “光能水晶”节点平面图

此处景观设计重点在于“摆正”入口轴线与扩大地下商业入口的进入面，并与北侧地块设计风格形成一定的统一。此入口既是展示中心入口，也是商业街入口，利用整体的铺装与灯带的序列设计打造入口的共享“形象岛”，为了呼应“岛”的设计语言，环展示中心边设计了镜面水景，以期“形象岛”具有小中见大的景观意境。

3.3.26 “光能水晶”节点效果图

3.3.27 “光能水晶”节点局部效果图 1

园区景观的提升，能给办公人员和周边居民带来不一样的体验，让他们在工作之余有一个花园可以放松心情，从而提高工作效率，同时也能够增加街道景观的识别性。

3.3.28 “光能水晶”节点局部效果图 2

3.3.29　“光能水晶”节点局部效果图 3

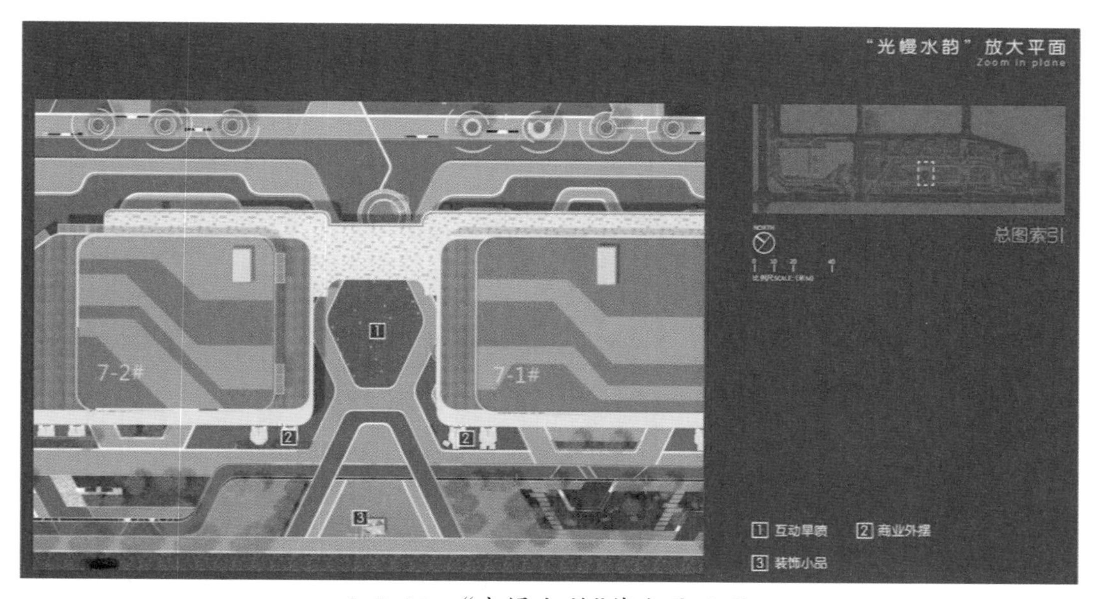

3.3.30　“光慢水韵”节点平面图

打开东侧市政景观界面，形成整个商业街的主要人行入口，结合港湾式内向空间，通过铺装、灯光、小品等强调内向商街的引导，艺术结合休闲功能的雕塑小品将成为下一处网红打卡地。

3.3.31 “光幔水韵”节点效果图 1

3.3.32 “光幔水韵”节点效果图 2

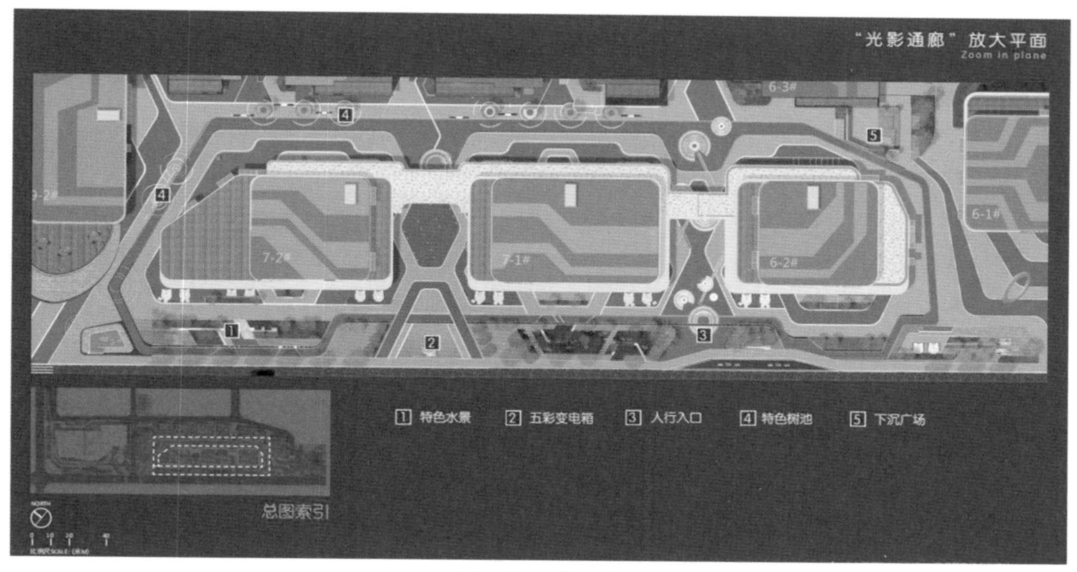

3.3.33 "光影通廊"节点平面图

将市政展示面与商业街休闲界面统一起来打造，形成首尾相连的"环"，并在环上设计了丰富的商业休闲景观点，为从市政界面进入商业街提供了层次多样的路径。通过对市政绿化的梳理，形成简洁的视线通廊，确保车行及人行视线对商业街的可及性，不遮挡商业街。

3.3.34 "光影通廊"节点鸟瞰图 1

3.3.35 “光影通廊”节点鸟瞰图 2

3.3.36 “光影通廊”节点内街效果图 1

3.3.37　“光影通廊”节点内街效果图 2

3.3.38　“光影通廊”节点内街效果图 3

3.3.39 内街下沉节点做法效果图

3.3.40 “光影通廊”节点沿街效果图 1

3.3.41　“光影通廊”节点沿街效果图 2

3.3.42　“光影通廊”节点沿街效果图 3

3.3.43 “光影通廊”节点沿街效果图 4

3.3.44 “光影通廊”节点沿街效果图 5

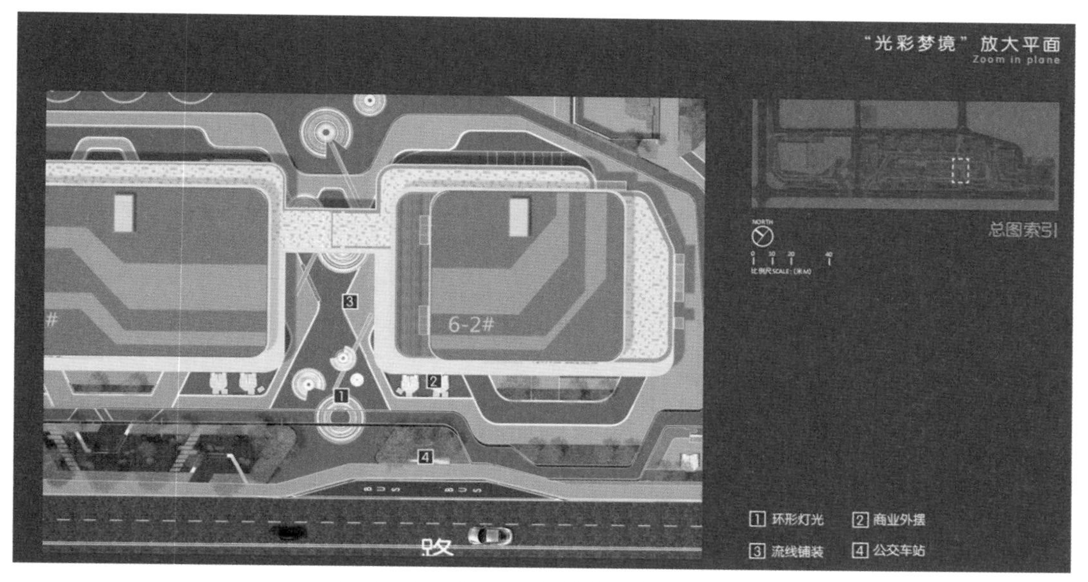

3.3.45　"光彩梦境"节点平面图

光谷二路段消防通道通过铺装及对特色投影灯的景观化处理，形成人行景观入口，两侧为后期商业外摆提供可能的场地，同时也是丰富人员商业体验的一种方式。

3.3.46　"光彩梦境"节点效果图

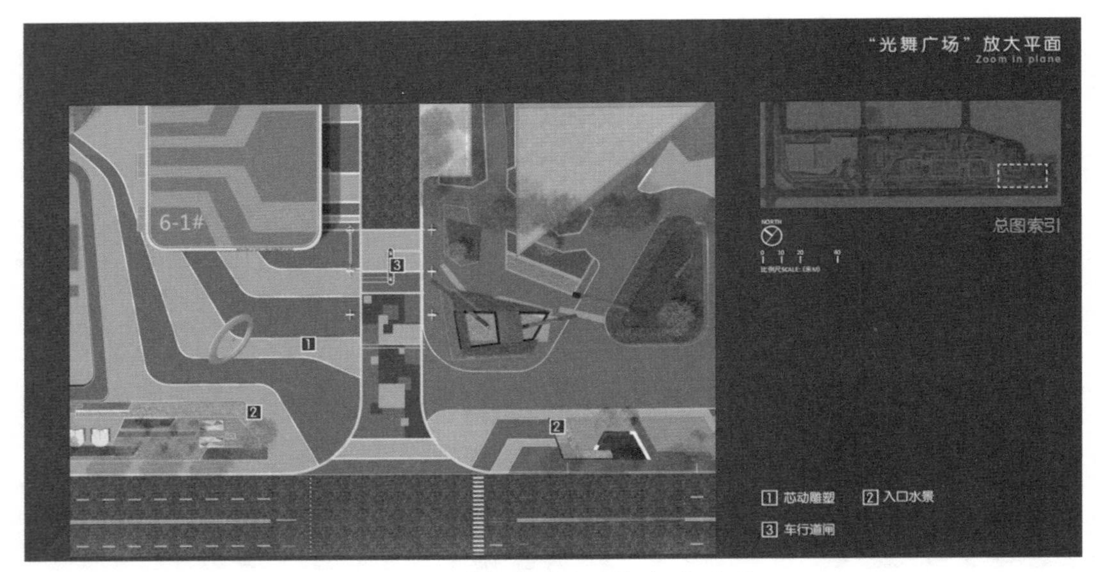

3.3.47 "光舞广场"节点平面图

场地北侧景观设计考虑了"承上启下"的逻辑关系,"承"是与北侧二期已建成场地的联动,"启"是作为1.7地块唯一一块可深度打造的空间,形成铺装引导、休闲光环的视线引导以及灯光汇聚到舞台中央的"芯动之环",引爆整个区域的商业氛围。

3.3.48 "光舞广场"节点效果图1

3.3.49　"光舞广场"节点效果图 2

3.3.50　"光舞广场"节点效果图 3

3.3.51 “光舞广场”节点效果图 4

3.3.52 植物设计理念

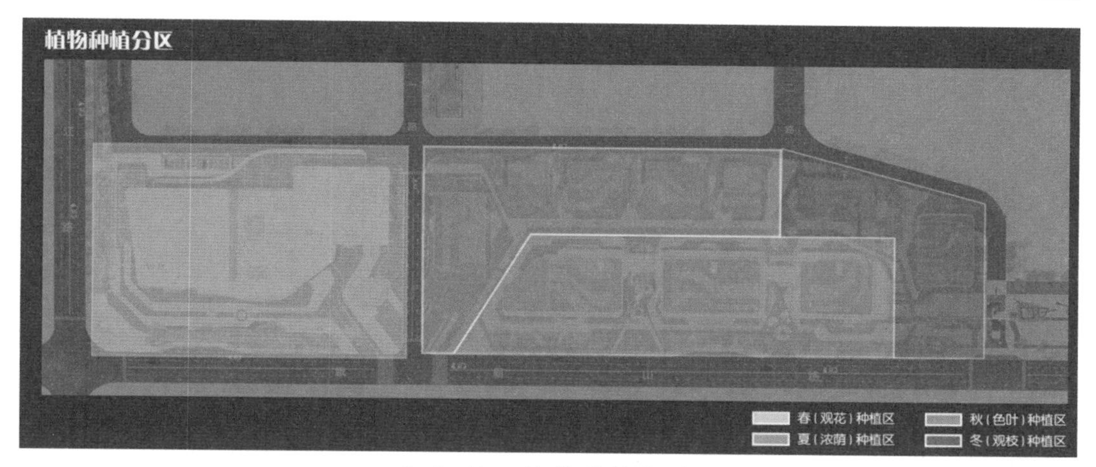

3.3.53　植物种植分区

项目植物设计强调现代自然风情，植物配置注重四季的变化，通过采用层次丰富的群落组团与简洁的几何色块，展现富有质感、层次丰富、色彩明朗的植物景观。

3.3.54　植物种植策略——春(观花)

以春季开花的樱花、紫玉兰、西府海棠等为主要植物，打造优雅的春季场景，以开花植物对草坪进行围合，建造多层次、丰富饱满的花园空间。主要品种有大叶女贞(主景树)、紫玉兰(特色)、早樱(特色)。

3.3.55　植物种植策略——夏（浓荫）

夏季，作为行道树的冠大荫浓的榉树列植于道路两旁，形成纯粹的线性空间，引导人们进入商业街。在转弯节点处精致配植，凸显绿化品质。主要品种有榉树（主景树）、云杉（特色）、紫薇（特色）。

3.3.56　植物种植策略——秋（色叶）

以银杏、红枫、五角枫等色叶植物来表现秋季景色，利用色叶植物叶片色彩、形状的不同变化，使商业街内四季均有景可赏，绚烂色彩跃然眼前，体现迎宾的仪式感和品质感。主要品种有银杏（主景树）、五角枫（特色）、红枫（特色）。

3.3.57　植物种植策略——冬(观枝)

为体现苍劲萧瑟的冬季主题，采用偏冠大树与红梅等冬季植物组植，配以姿态各异的松类与枝干遒劲的落叶植物，使人在冬天有别致精妙的体验。主要品种有偏冠朴树(特型树)、红梅(特色)、白皮松(主景树)。

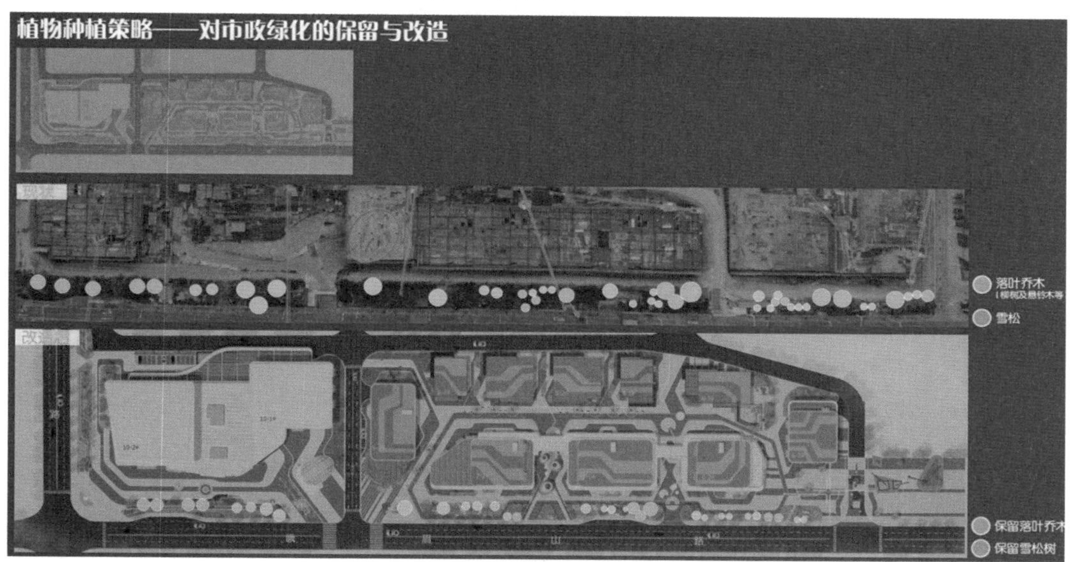

3.3.58　植物种植策略——市政改造

从项目所在地及地域文化性方面进行分析，通过场地的历史文化情况分析出场所精神、特色，在上位规划及城市规划的肌理上进行项目的定位。在改造项目上要充分考虑现状植物和小品的保留，这是对场地精神的延续。

第四节　上海中电信息港

上海中电信息港，位于国家级上海松江经济技术开发区核心位置，项目总投资30亿，一期建筑面积20万平方米。它是以电子信息为主导产业，涵盖集成电路、生物医药、人工智能等5G时代领先的智慧产业领域，满足总部办公、科创研发、中试智造等功能，拥有全天候商务配套服务、面向未来需求的综合性科创数字园区。

3.4.1　项目实景鸟瞰图1

3.4.2　项目实景鸟瞰图2

设计策略：以“删繁就简、自然体验、营造氛围感”为设计初衷，旨在创造舒适、诗意的理想办公园区，营造自然、精致、疏朗的雅致园区氛围，提供艺术、静思、共享、活力的多重体验感受，将信息港产业园打造成“园区中的大自然”。

3.4.3　项目周边现状分析

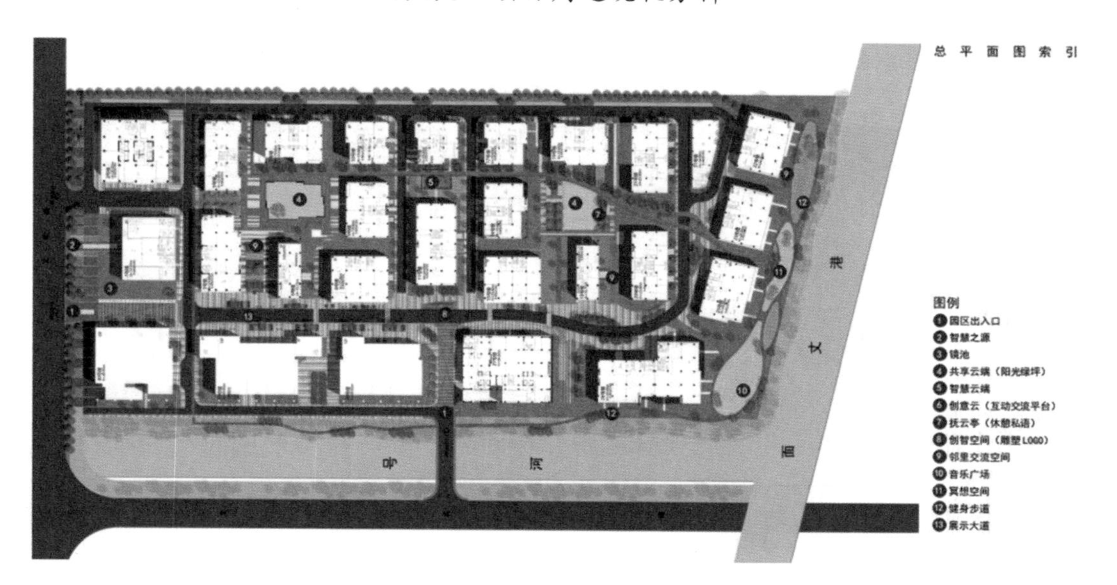

3.4.4　项目总平面图

本案例设计着眼于城市空间和城市界面的塑造。总体规划布局以城市道路的分区格局现状为基本骨架，内部形成车行交通与生活广场结合的主要环线生活圈。外围布局高层建筑，内部布置多层建筑，由组团单元组成，组团间借由体现松江园林艺术的休闲步行空间的联系，形成尊享且丰富的办公空间。合理布局，外动内静；动静分区明确，互不干扰；充分借用内外景观资源；道路交通便捷、顺畅，保证园区开发现代、对外联系紧密。用地北侧临城市主要道路文松路，西侧文吉路为区域道路，均为项目形象面。沿文松路设有 2 栋 50m 高层和一栋层高 15m 的展示中心，沿文吉路设有 4 栋层高 50m 的高层，以彰显项目形象。

3.4.5　项目俯视图

3.4.6　项目沿街效果图

整个项目内区域向城市开放。延续城市集约用地原则，实现功能多元化，积极创造区域景观价值。承接整体城市设计结构与"紧凑城市"理念，在原有城市规划街区网络基础上增加地块内的较低等级道路，进一步将街区网络分为宜人的步行尺度。

基于"接近自然，回归自然"的绿色生态建筑法则，在基地内部规划了大面积的景观绿化，并结合场地内部的空间结构，形成一条南北向景观主轴线，达到对基地内部"微气候"环境的调节效果，打造舒适宜人的地面环境，提升地块的整体品位。本项目绿地率为30%。

3.4.7　项目空中鸟瞰效果图

3.4.8　项目展示中心景观

在产业园的发展过程中，还有一个重要的维度——时间。犹如城市会成长变化一样，产业园的功能业态和空间使用也会随着时间不断变化。设计以弹性（开放共享）的空间、复合多元的功能以及灵活多变的产品作为回应，从而促进未来产业的迭代升级和周边城市环境的发展更新。

3.4.9 中心绿地广场

3.4.10 中心绿地广场鸟瞰图

该项目结合项目规划条件、建筑外立面设计风格，遵循现代简约风格，旨在打造简洁、明快、富有现代感的创新性花园式产业园区。景观设计以"两轴一环一带多节点"为框架，由园区主要景观轴串联多个景观节点空间，丰富场地活动。出入口结合水景、主题雕塑、logo 标识，打造出震撼人心的景观效果；主轴线中的活动广场富有韵律和变化，创意景观小品给人以美的享受；空间小庭院结合水景、雕塑小品、艺术台阶等营造不同的氛围。整个景观设计融入了科技、艺术、人文等元素，营造出一个独特、

有内涵的现代创意产业园景观环境。

3.4.11　中心广场效果图

整体上要有统一的功能布局，有大、小空间的对比，根据一个人、三五成群人的活动内容进行活动安排。单个人更喜欢安静的空间而集会空间则要考虑视线的通透性，注意营造竖向空间的变化。

3.4.12　园区内街效果图

3.4.13　樱花树阵

设计为使用者提供了多元的人性化场所及丰富的景观层次，满足企业在办公之外的户外交流所需，便于展示其独特的企业文化，形成生活化办公场景以及国际化未来办公体系，营造一个自由、国际、艺术、开放、多元化的办公环境。

3.4.14　独栋出入口景观

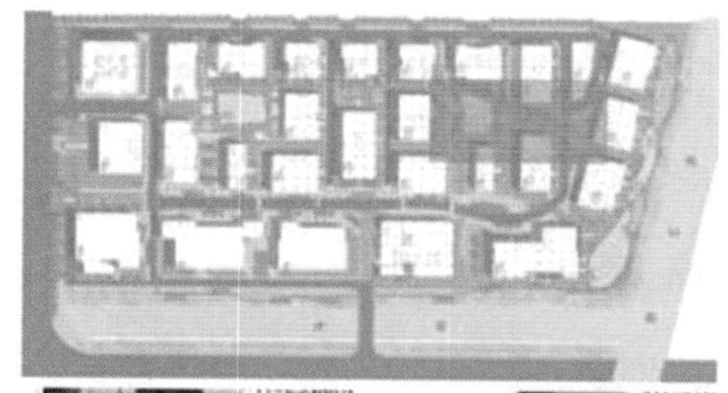

1. 林下空间：营造半私密性的林下交流空间
2. 抚云亭：　云主题创意共享空间

3.4.15　分区平面图

景观大展示面与景观公共休闲节点相互结合，在外围打造展示性强的景观界面，空间开阔、大气。在区域内营造微广场空间，促进商业活动交流与休闲停留。大气舒朗的阳光草坪，让整体空间显得张弛有度。漫步绿廊、琉林草坡和林间汀步等是园区内重要的通行、观赏及休闲活动场所，能够满足人们多样化的使用需求。

3.4.16　分区节点鸟瞰效果图

3.4.17　庭院内景效果图

草坪结合条石台地，寥寥数笔，凸显入口空间的线条秩序感。

3.4.18　独栋落客区铺装节点

独立机动车落客区的竖向肌理的石材铺装地面，彰显园区信息技术的元素。

3.4.19　内街景观效果图

景观与道路系统错开布局，形成步行通廊，向城市开放。

3.4.20　沿街休息区

临内街步行区域结合节点绿化设置公共座椅，方便园区用户休憩。

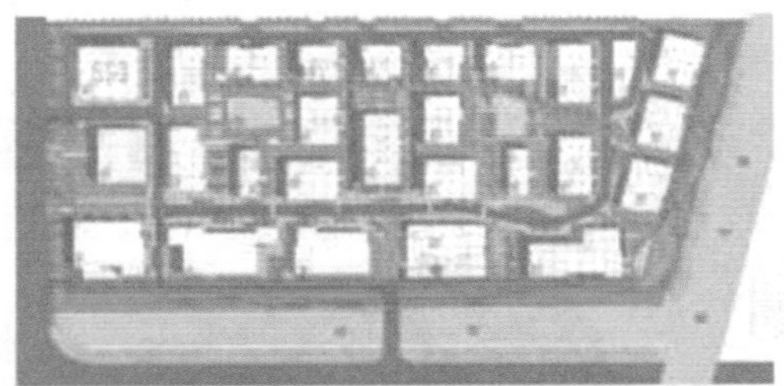

3.4.21　沿河节点平面图

突破一般园区设计封闭内向的状态，通过城市道路的引入，打开办公园区对外沟通的节点，将整个园区向城市开放，同时为园区带来额外的机遇。功能上，商业、酒店、办公等各功能的混合，令街区成为一个一整天都具有活力的区域。

3.4.22　健康跑步道效果图

3.4.23　园区内街效果图 1

3.4.24　园区内街效果图 2

3.4.25　园区内街效果图 3

舒适的办公景观环境能给人带来独特的体验。园区的景观要在有限的空间内、精细的场地中合理布置适宜人性尺度的功能空间，大小空间、静动空间的分布和对比，以考虑办公者的需求为主，也应根据周围情况，考虑其余短暂停留人群的需求，合理组织观赏、停留和互动的空间，满足不同工作者的活动和休息需求，在景观特征上结合城市的标识性，以提升城市的形象，成为城市的名片。

第五节　合肥金融港

合肥金融港位于合肥市滨湖新区，是合肥市首座金融主题产业园，项目占地172亩，规划总建筑面积约64万平方米，由10栋高层甲级商务办公、14栋多层独栋办公、1栋OVU国际服务公寓、1栋中高端酒店以及员工食堂、沿街特色商业等组成。项目产业定位为“滨湖国际金融后台基地的重要组成部分、合肥金融科技聚集区、滨湖企业总部基地”。项目现已集聚金融中后台机构、国内知名金融机构总行和分行、互联网金融、服务外包等产业，新增就业1.5万人。

3.5.1　项目实景鸟瞰图

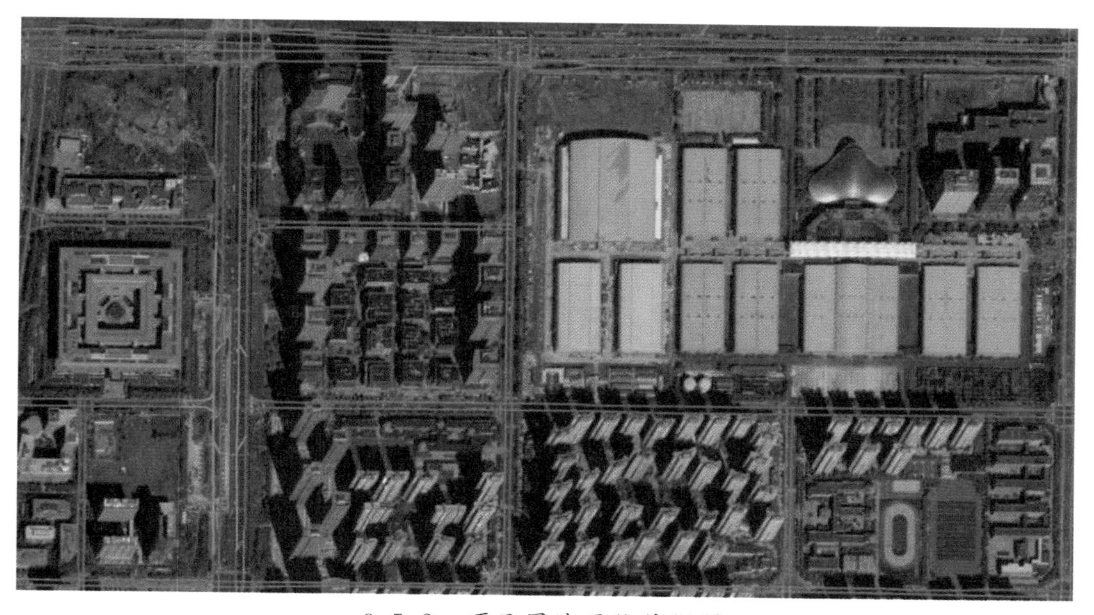

3.5.2　项目周边现状俯视图

园区的前期规划以合肥市滨湖新区整体的规划布局为参照，将城市规划的街区设计理念沿用到园区的设计中，城市的交通、公共空间、广场、休闲场所在产业园都有延续，从空间层面上来看，园区与城市过渡自然、相融共生。

3.5.3　项目实景图

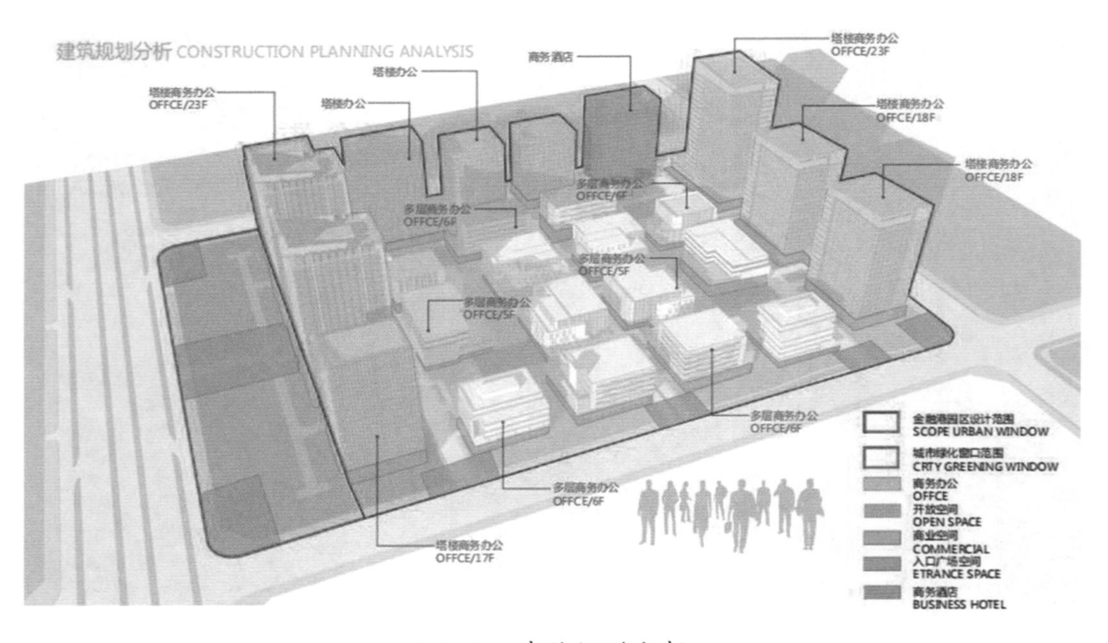

3.5.4　建筑规划分析

以开放、生态、小资、时尚的核心理念，筑造城市的最高标准，打造一座全新的绿色有氧商业办公街区。园区的公共空间，为参与者提供了丰富的活动场所。但若仅

局限于园区本身，这些活动的运营将受到极大的挑战，所以让公共空间具有更高价值的基础在于向城市“开放”。开放后的园区，在公共空间中提供匹配于核心群体的“多元”服务及活动。

3.5.5　项目定位分析

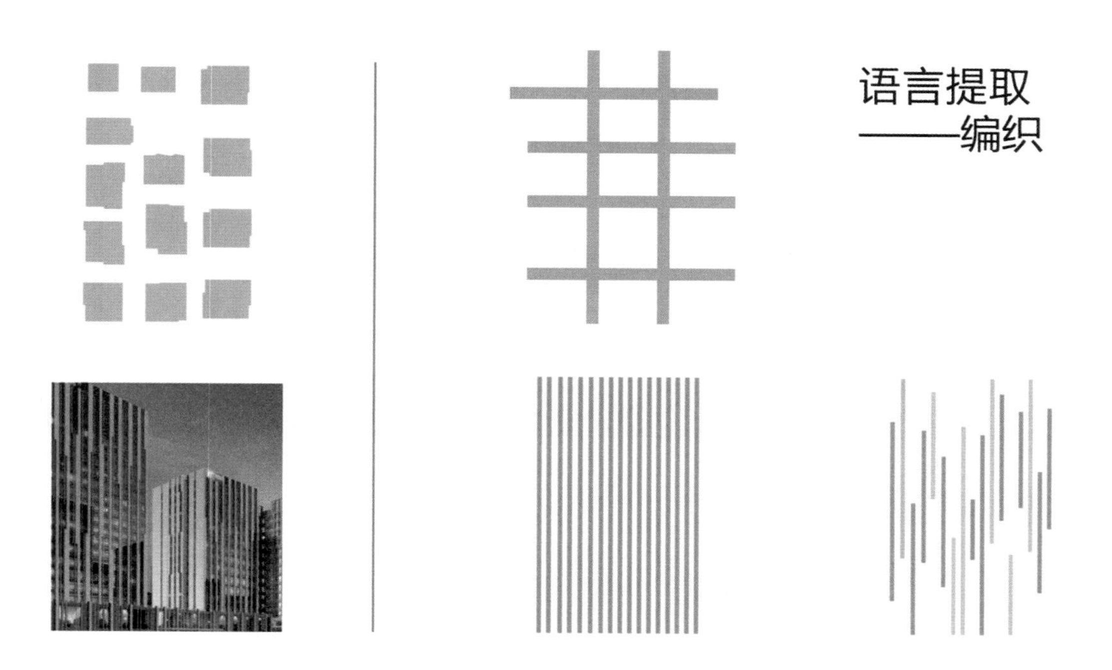

3.5.6　项目设计元素

作为新时期的产业园项目，设计团队打破了城市与办公园区的传统隔阂，改变了以往封闭内向的设计理念，在合肥金融港创新性地引入城市道路，打开产业园的对外交通节点，引导整个园区与城市的沟通与交流。景观与道路错落有致，形成步行通廊。在这样点线结合、收放有度的设计中，园区与城市互相渗透。这样的空间渗透，打破了传统产业园区的封闭状态，通过人群的交流互动，园区的商业、酒店、休闲等功能得到充分利用，无形中放大了园区配套产业的使用价值和商业价值，使产业园充满活力。这些内容需要提前规划、提前布局，并且在空间与载体本身，预留更多的“弹性”。只有让园区成为城市中积极的元素，让园区的公共空间成为城市的公共空间，才能发挥出产业园区更大的价值。

景观设计从规划布局中提取“格子”形态，加以重组生成为“线条”，线条从汇聚逐渐向外发散、流动，隐喻着信息化时代中的信息的裂变与扩散。以“线条”花园引发的一系列思考为设计灵感，提取大自然的元素，注入金融基因，形成一个“智趣、几何、生态”的城市灵感空间。

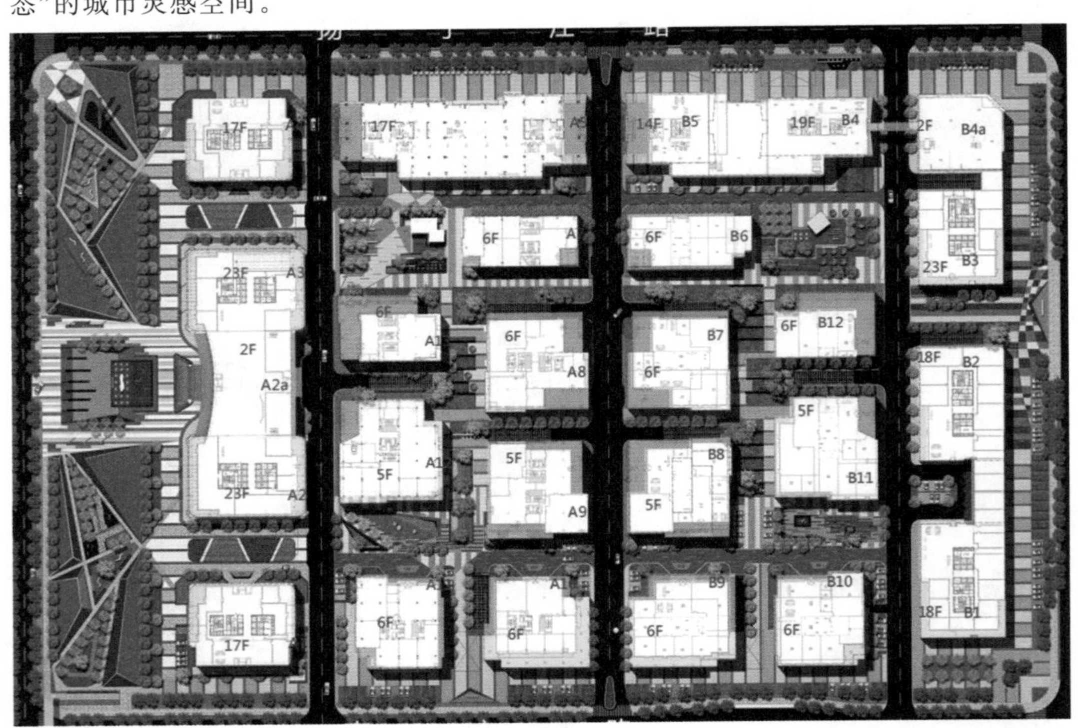

3.5.7　景观总平面图

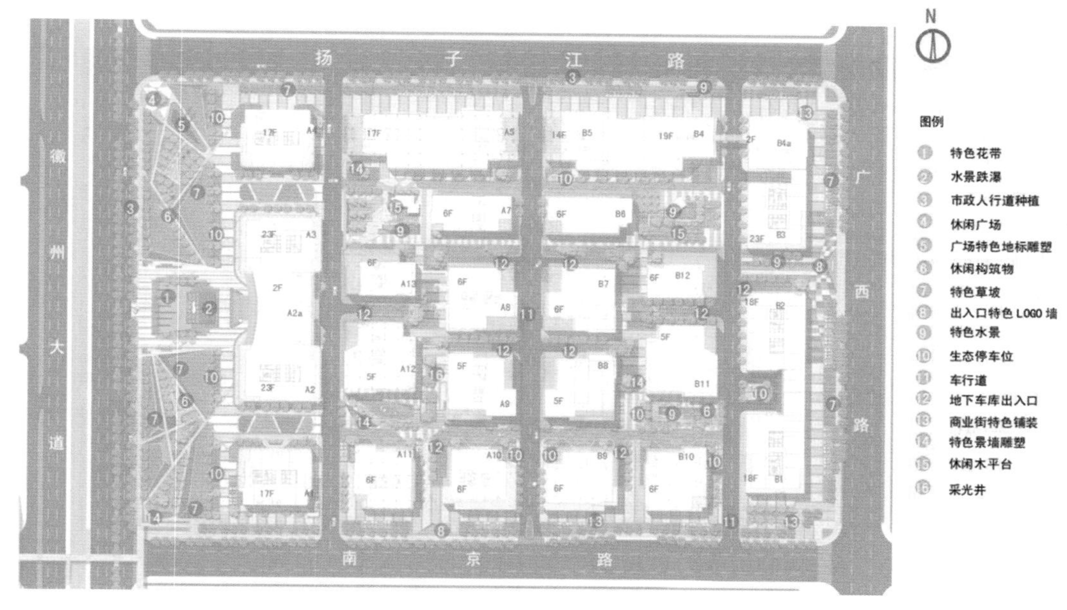

3.5.8 景观节点索引

通过灵活的建筑布局，以及多个商务庭院叠合、错落、凹凸等，打造一个绿色、健康的新式办公模式，使员工彻底与传统的工作方式、工作空间告别，为企业搭建起更为迅捷的创富平台。景观与道路系统错开布置，形成步行通廊，向城市开放；景观契合公共开放节点，注重点线结合，收放有度。

景观功能分区 LANDSCAPE FUNCTIONAL PARTITION

3.5.9 景观功能分区

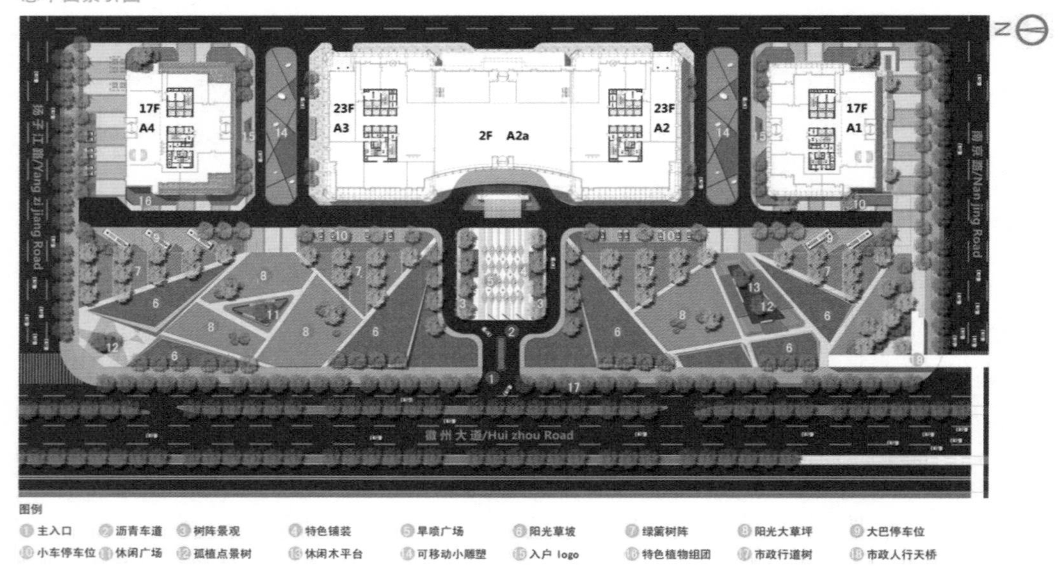

3.5.10 徽州大道段平面索引

3.5.11 徽州大道段实景俯瞰图

红线外 22.5 亩的城市绿地由业主代建，通过多条射线状的道路，使得步行出行

更加便捷，很好地完成了开放与互融的目的，建立与城市共享的景观系统。

3.5.12　徽州大道段实景鸟瞰图

3.5.13　高层景观实景俯瞰图

3.5.14　景观与雕塑的融合——《羊群》

除了建筑单体的“和而不同”，合肥金融港还有区别于其他产业园的独特优势。设计者将艺术文化引入园区，让艺术赋能园区内的文化生活。园区雕塑皆出自大家之手，风格鲜明，内涵丰富。艺术家刘绍栋的作品——《羊群》，出现在园区的不同地方。这些羊或昂首、或低头、或静坐、或缓步，为园区增添了灵气与活力。“羊”是属性温和的动物，与刚硬的园区建筑形成对比，使整个环境多了一些柔和的烟火气。

3.5.15　内街实景

3.5.16　内街雕塑

在猿猴《厷英佳》上，我们能够追寻光阴的斑驳与踪迹，随着时光的推移，它的肌理不断地缓慢变化，让我们仿佛感受到城市动物孤独却顽强的生命力，如同在这里奋斗着的我们，在不断地与自我的疏离中，寻找蜕变与新生。

类似这样以小见大的艺术表达还有园区的雕塑——《鸭子》，一只名为“乌文四”，另一只名为“乙用力”，它们的原型是北京怀柔鸟岛的两只鸭子，艺术家凭借强烈的印象制作而成。艺术家眼中的鸭子被放大了很多倍，成了现在两个体型巨大的雕塑。这样的表现带来了强烈的视觉冲击力，也展现了鸭子敦厚的个性。

3.5.17　广场雕塑景观

这些风格各异的雕塑与园区的单体建筑，共同创造了一个微妙的场景。除了能够给人以愉悦的感官体验外，还能带给人们间歇性的思考。雕塑与园区的融合，是人文艺术与城市产业的融合。

3.5.18　水景雕塑

2019 年 8 月，艺术家刘绍栋创作的水景雕塑落成，更是金融港“艺术求索”精神的集中体现：以虚空中无尽落下的水柱，向罗马尼亚雕塑家布朗库西的大型的室外雕塑作品《无尽柱》致敬，同时与金融港的“港”字巧妙呼应。

3.5.19 水景一角

充满生活气息的城市公共空间氛围，让这里少了金融精英聚集地的距离感。置身于此的人们，无论工作还是生活，似乎都能自得其乐。

3.5.20　水景与市民的互动

3.5.21　中心节点广场实景鸟瞰图

活跃的底层商业。建筑底层采用架空、柱廊的方式，并辅助以挑空阳台、雨篷等元素，保证各单体间底层步行空间的延续性，使得建筑底层更加开放、有趣，从而创造更多的商业机会及活力。

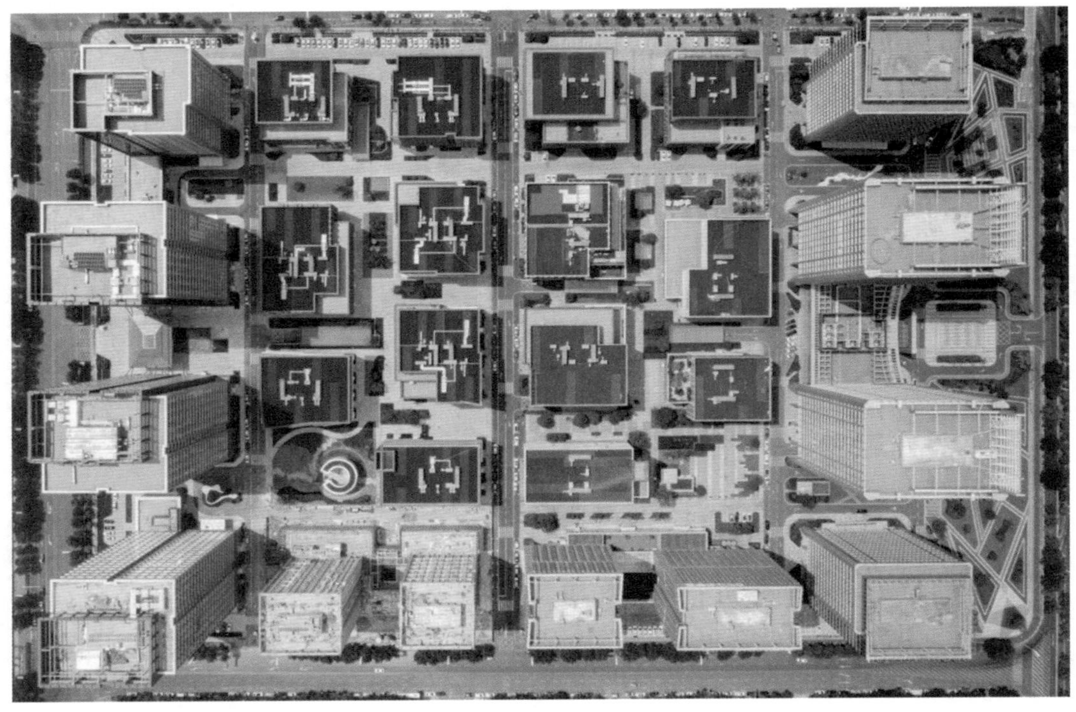

3.5.22　屋面绿化处理

多层屋面铺设仿真草皮，营造屋顶花园的感觉。

3.5.23　高层俯瞰多层屋面绿化效果图

3.5.24　中央绿地广场

整体考虑中央绿地广场与 B3、B5 高层景观组团，依托圆形接待中心，用花瓣形态将整个广场划分为休息区、视觉焦点和步行区。铺装方面，在统一的基础上寻找变化，打造开阔灵动、互动休闲、绿意盎然、具有吸引力的中央广场和酒店后花园景观。

中央绿地广场的造型灌木和线性铺装为广场创造了规整统一的基底，更好地衬托接待展示中心建筑矗立中央的空间感，大尺度广场为集会和公共活动提供了场所，休闲坐凳满足休憩交流等需求，孤植树满足遮阴需求。

3.5.25 多层内街景观

3.5.26 造型灌木池

3.5.27 灌木色叶搭配

木平台、景观草阶、种植池座椅等景观构筑物，提供了户外交流和亲近自然的场地，增加了多样的户外交流体验，呼应“绿色、开放、共享”的企业文化。

3.5.28　独栋出入口景观

整个合肥金融港涉及的草坪较多，为了保证整个冬天有绿油油的草坪，设计者设计了两种方式：一是混播矮生百慕大与黑麦草或高羊芋；二是追播，即先铺草坪，再追播黑麦草或高羊茅。

3.5.29　内街景观

3.5.30　商业内街

将源自林间的树木藏立于商业内街中，回应办公人群需求的商业空间。

3.5.31　街角景观鸟瞰图

独栋一侧留出草坪空间，分层种植金森女贞和红花檵木，成排的榉树形成秩序感，玻璃幕墙的鸡爪槭摇曳生姿。

3.5.32　街角景观实景

叠级退台种植池划分园区内部和市政空间，在交叉口处阻挡外部视线，丰富景观层次，让 logo 成为视线焦点。种植池和台阶引导人流从两边通过，增加景观亲和力。

整齐的观赏草和孤植树结合，散置砾石，营造一处简洁大气的办公区生态环境。道路转角处的植物组团丰富，与草坪搭配，形成疏密空间对比。

3.5.33　临街景观

3.5.34　高层主入口景观

整个合肥金融港以办公商业为主，植物配置主要以开放、自然、简约为主导方向。通过树阵、列植、孤植来表达表达什么？灌木以色彩加以强调，片植、列植、带植体现。可选择品种：金森女贞、大叶黄杨、红花檵木、红叶石楠等。

3.5.35　“口袋公园”景观

3.5.36　乔木实景

本项目定位为高端 CBD 办公园区，整体为现代简约风格。为了更好地配合风格表现，突出现代、简洁、自然的植物景观特性，绿化设计以行道树、草地、花林和景观树为基调，结合局部的水体、地形特点，营造出既大气爽朗又丰富多样的园区绿化景观。

3.5.37　灌木花箱实景

以合肥当地特色植物为主，打造具有现代感、品质感、时尚感的现代 CBD 办公街区，利用植物的特性作为本项目的核心主题贯穿整个园区，打造具有各个主题特色与浪漫温馨的时尚情趣，同时使人能够独享心灵宁静的办公园区，并在一定区域内突出植物景观的生态效应。植物设计方面，强调项目的整体性与园区内特质景观相融合，拟分为三类景观空间，分别为：城市绿化窗口景观区、CBD 办公景观区、商业街景观区。

第六节 合肥“中国视界”产业园

2020 年 6 月，全国首个人工智能视觉产业基地——人工智能视觉产业港“中国视界”启动区项目，在包河正式开工。根据规划，“中国视界”将重点发展以人工智能为核心，以视频视觉、科技研发为主导，以科技服务为支撑的产业生态体系，构建人工智能视觉产业创新体系集聚发展平台，打造引领包河未来产业发展的“智能之眸”。

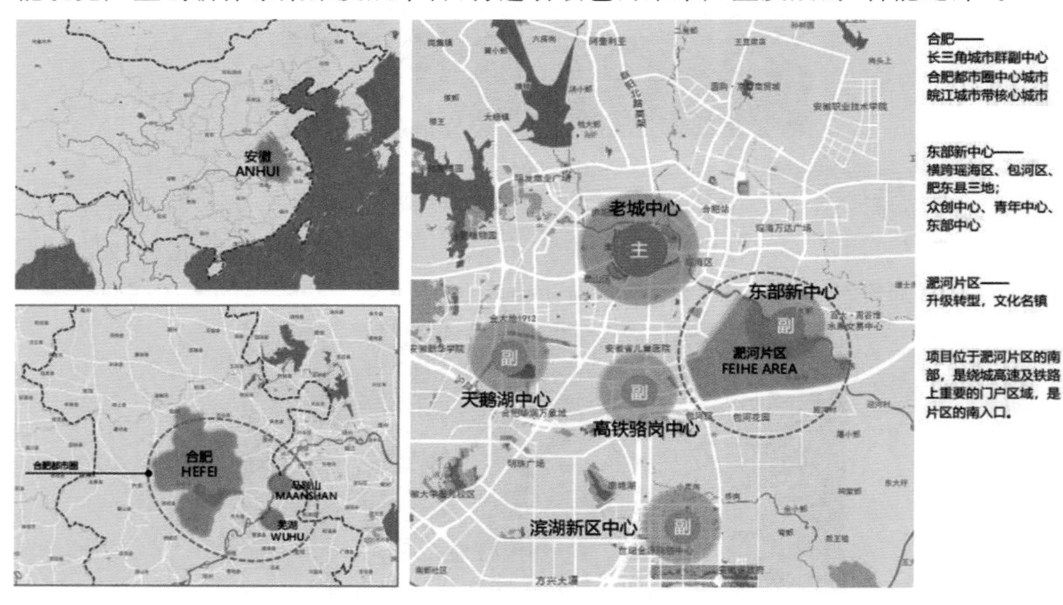

3.6.1 项目区位图

项目地块位于淝河片区龙川路与上海路交叉口西南角，区位优势明显，交通便利，坐享绕城高速、轨道交通、立体交通全面覆盖，系国家级滨湖科学城中心地带。项目占地面积 76 亩，建设面积为 18 万平方米，地上建筑物主要包括三个部分：其一是 5A 甲级写字楼，数量为三栋；其二是企业别院；其三是 AI 创新展示中心。“中国视界”将在“一院四中心”的基础之上打造以“两类产品”“三大产业”以及“四大场景”为中心的产业体系。具体来说，“一院四中心”的“一院”指的是创新研究院，“四中心”指的是生产力促进中心、产品服务中心、人才实训中心以及共享赋能中心；“两类产品”分别是智能视觉芯片和软件；“三大产业”指的是均以智能视觉为基础的检测产业、健康医疗产业以及安防

产业；“四大场景”指的是以智能视觉为载体的文化创意场景、智能制造场景、教育培训场景以及产业赋能场景。

3.6.2 项目实景图

3.6.3 空间上位规划

人工智能创意园区设计总体定位为人工智能视觉产业港，立足于中国智慧视界，探索具有未来感的高尖产业办公区的景观空间。

3.6.4 项目周边分析

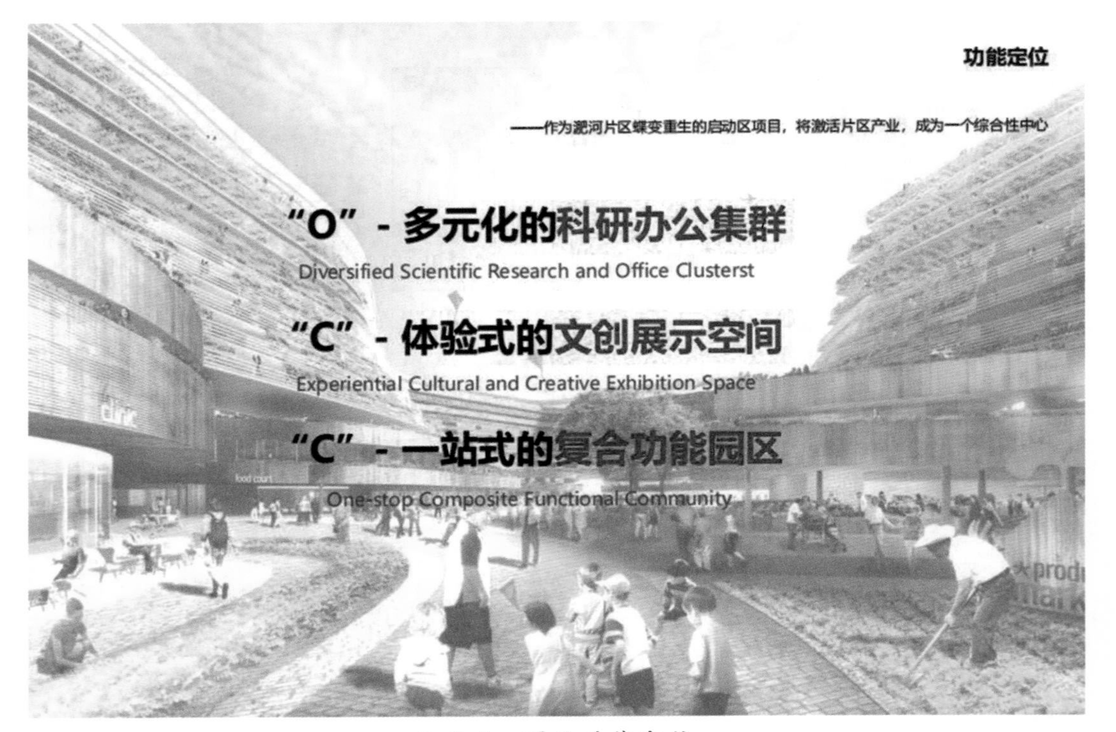

功能定位
——作为淝河片区蝶变重生的启动区项目，将激活片区产业，成为一个综合性中心
"O" - 多元化的科研办公集群
Diversified Scientific Research and Office Clusterst
"C" - 体验式的文创展示空间
Experiential Cultural and Creative Exhibition Space
"C" - 一站式的复合功能园区
One-stop Composite Functional Community

3.6.5 项目功能定位

空间载体未来服务面向科研企业和院所，因此，本人工智能创意园区的景观语汇，引用人工智能产生机制完成景观的视觉创作，开启一段模拟人脑控制系统的流程模式，探索AI智能带来的视觉感官体验，形成产业园整体的景观方案。

3.6.6　项目平面索引图

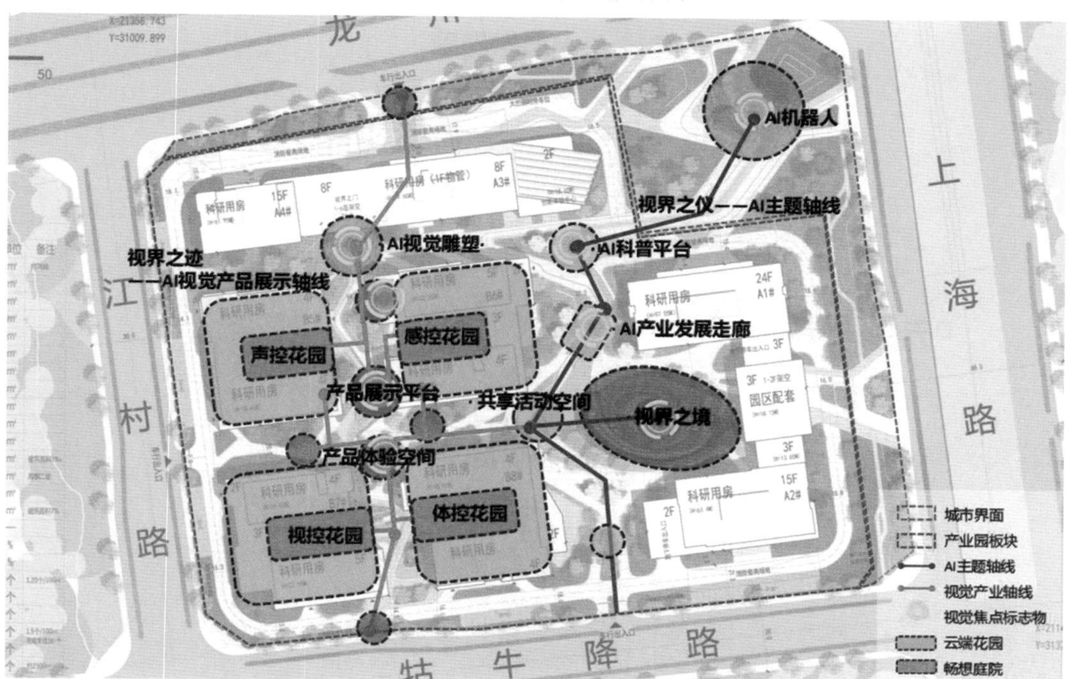

3.6.7　景观节点规划

设计流线：①视界之境，是产业园的智能源头，智慧之源的中枢系统，智能产物的CPU，成为集智能与核心技术的视觉景观引爆点。②视界之门＋入口识别点，通过人工智能系统的运用，诞生出的小AI(视界之门)和机器人大脑成为产业园的视觉识别点，是探索人工智能的视觉产物。③时光隧道，启发思考人工智能的内涵和前景，成为“视界之仪”轴线上的特色兴奋点。④时光隧道景观兴奋点，布置在两大轴线上的“神经元CEll”，是传递产业园景观特色和办公服务的特色信号点。

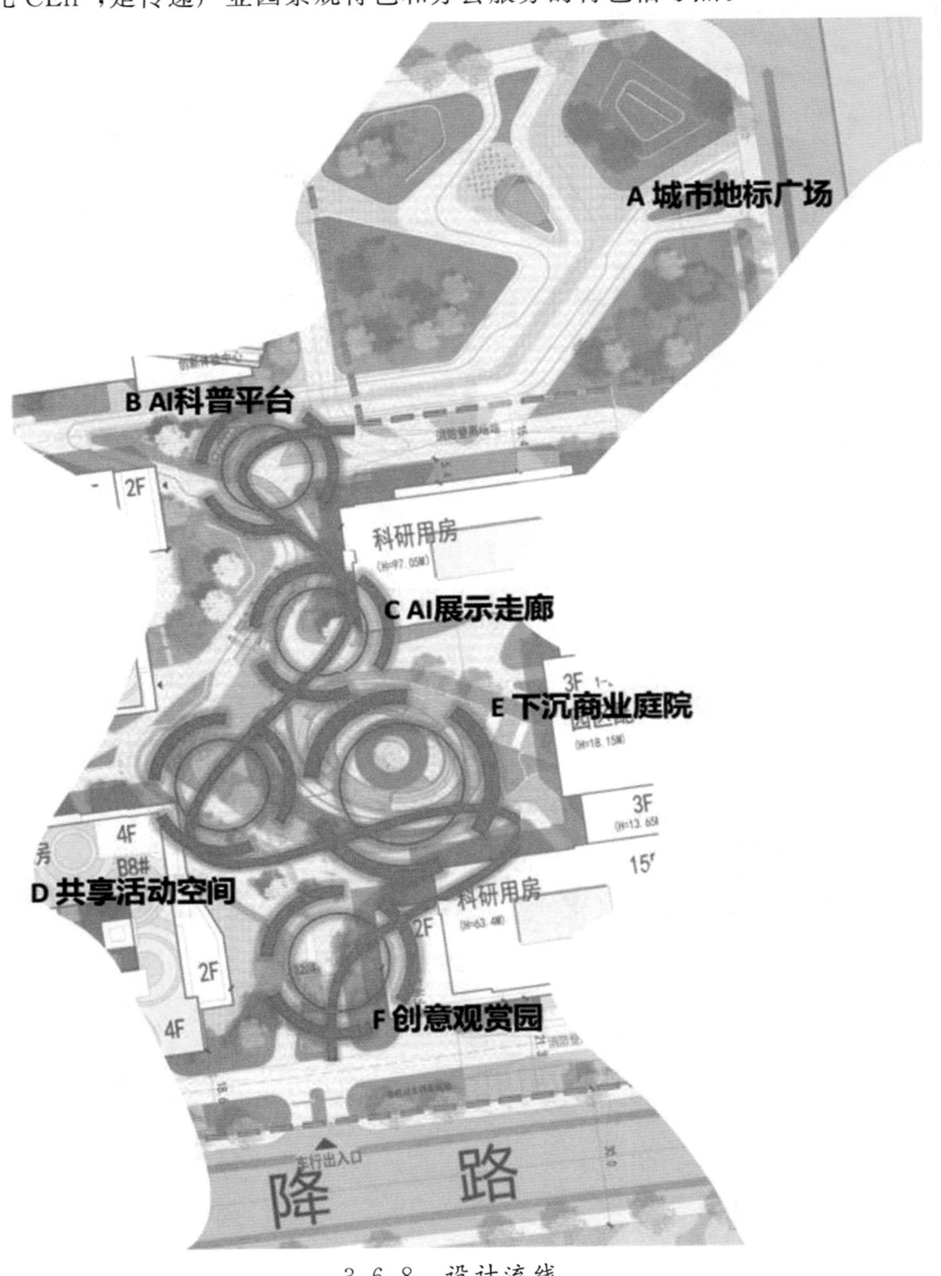

3.6.8 设计流线

产业园轴线以“科普人工智能知识”“展示人工智能在各个领域中的应用”“渲染科技艺术的魅力”“展现富有活力的公共活动空间”为设计目标，旨在为人们提供一个具有活动集会、科普认知、休闲交流、商业娱乐、艺术观赏等功能的综合空间。

A. 城市地标广场：打造城市地标，树立产业园主题形象，为人们提供休闲活动的广场。设有智能化雕塑＋智能显示屏、主题互动地灯。

B. AI 科普平台：是趣味性的小品装置，让人们了解什么是人工智能，为人们提供休闲空间。设有景墙、休闲座椅等。

C. AI 展示走廊：为人们介绍人工智能在不同领域的应用、未来发展的方向以及涉及的领域，展示内容突出安徽重点发展领域，即“芯屏器合”(“芯”指芯片产业，“屏是指平板显示产业，“器”代表装备制造及工业机器人产业，“合”是指人工智能和制造业融合)。从与我们的生活息息相关的领域展示人工智能发展信息。设有景观廊架、灯带等。

D. 共享活动空间：为园区增加公共活动空间，满足多种人群的不同活动需求。

E. 下沉商业庭院(视界之境，景观 CPU)：打造创意景观空间吸引人流，激发场地活力。设有智能互动灯杆、垂直水幕、互动景墙。

F. 创意观赏园：为主轴线打造一个具有艺术气息的文化背景，选取具有观赏性的花草进行装饰，配置感应灯和投影灯，增添产业园的景观观赏价值，同时吸引人流。设有花境、投影灯。

3.6.9　城市地标广场

通过 VR、人机互联和 AI 智能等，人类又向科技的深处迈进了一大步，视觉端点延伸到了更前沿。箭头形状的感应地灯，寓意科技一直向前发展，雕塑顶部设置曲面屏幕，作为园区对外展示的窗口。

3.6.10 科普展示平台

3.6.11 AI科普景墙

3.6.12 AI展示走廊

3.6.13　时光之轮

产业园的智能源头，是智慧之源——人的中枢系统，智能产物的CPU，也是集智能与核心技术的视觉景观引爆点。弧形、具有流动感的景墙记录视觉艺术走过的岁月，“胶卷时光”为视觉艺术欣赏区，流动的喷泉具有视觉重心感。创作者们在看台休憩，观赏流动的景墙和充满雾气的水花，能激发自己的活力；树池边点点的灯光、软家具让庭院拥有“慢下来”的气息，从而激发人的艺术创造力。

3.6.14　下沉广场

下沉商业庭院打造创意景观空间吸引人流，带动场地活力。其设有智能互动灯杆、垂直水幕、灯带台阶。摇摆智能灯杆上部都装有激光灯，灯光照射高度控制在航空安全高度之下。灯杆有一定的柔韧性，可以轻微摆动，也可以人为晃动。从远处看，一根根晃动的激光从地下的“某个空间”射向天空，引起行人的好奇关注，从而激

活这片下沉广场的商业价值。

3.6.15　互动装置

景观互动体验装置设计以人工智能符号(电路板)为元素,通过视觉、听觉、思维等动能实现可视化、情景化、生态化的景观语汇表达。

3.6.16　互动景墙

3.6.17　智能雕塑

以机械花朵为主题，展现了合肥的科技发展日新月异、与日争辉，更展现了合肥第二大科技领域——机器人的发展与变化。通过人工智能指令，可以对雕塑进行一些命令，例如绽放闭合、灯光变色等，雕塑也能与周围行走的人进行基础对话。

3.6.18　内街景观

流线形特色铺装结合灯带、座椅、花坛、雕塑等元素，为全区提供休闲活动、体验展示、交流共享的空间，增加产业园无限可能性。

3.6.19　内街智能景墙

3.6.20　内街景墙

通过对符号化语言的提炼、加工，形成平面上的铺装样式、立面上的活动器械以及空间感的律动流线，其颜色整体与周边主轴线相适应，并与机器人小品呼应，形成充满活跃感和视觉特色的“动能控制区”，打造与“动”相关的以“健康活力，迸发创造力”为主题的健身乐园。

3.6.21　沿街景观处理

3.6.22　沿街休息座椅

产业园的庭院中单独放置了不同材质的座椅，可供人休息。人们可以拍打座椅让其发出声音和旋律。其原理是这些座椅为一组圆形互动发声装置，当拍打球体装置时，装置会发出不同音调的声音，给员工带来丰富的体验。

3.6.23　沿街夜景

每个庭院都承担着人工智能不同的控制区块主题和特色，同时开放式的户外景观花园能够带给人从地表到云端的智能享受。

3.6.24　庭院景观俯视图

3.6.25　庭院景观 1

人的潜力和智慧是无法估量的，凝结人类智慧的人工智能等科技产物也是未来可期。一连串的同心圆构图表现出人类无边无际的智慧与不断突破的能量。圆形内部联排的栅栏高低错落布局有序，与雾森相结合，就像是从空中垂落的水流，可以将空间进行软化隔离，形成可以供人沉思和体察事物的四维空间，暗示在人类智慧的指引下，人工智能将冲破重重迷雾般的未知实现无限突破。

3.6.26　庭院景观 2

3.6.27　庭院景观 3

3.6.28　庭院景观 4

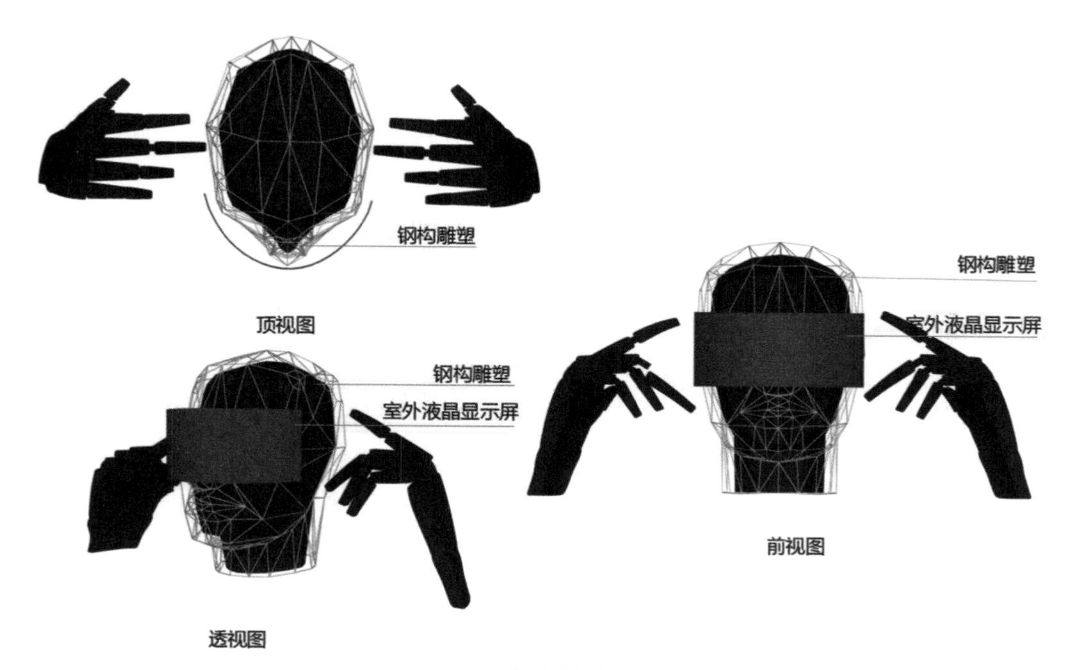

3.6.29　雕塑节点图 1

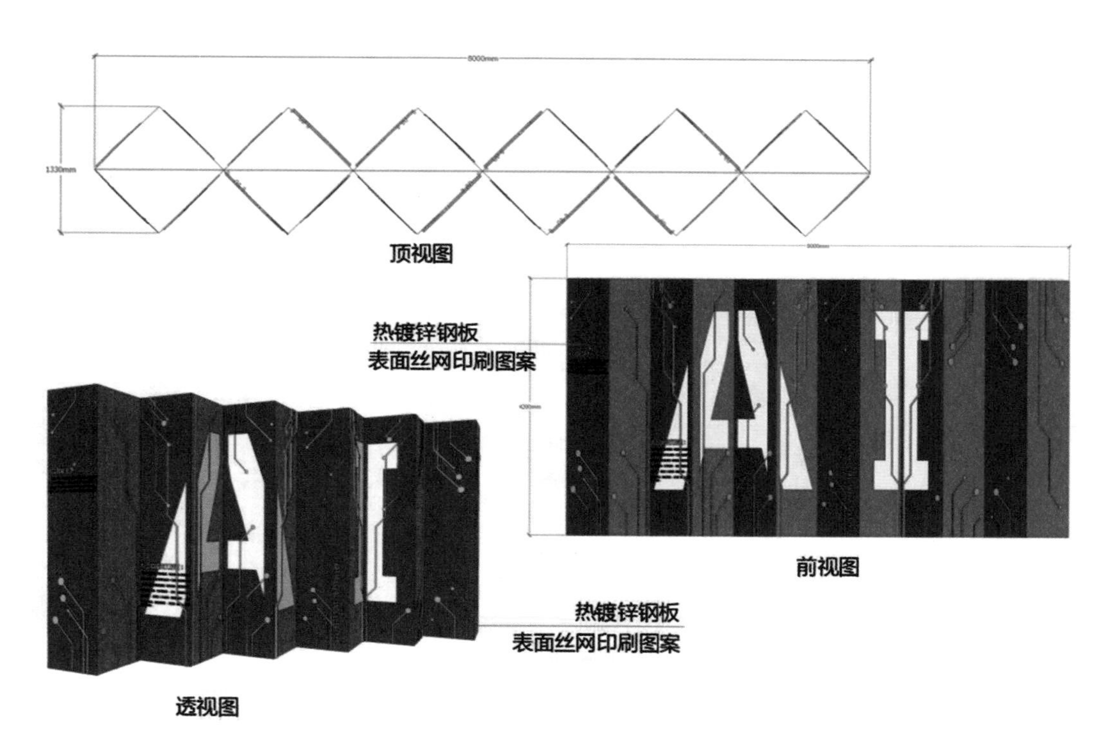

3.6.30　雕塑节点图 2

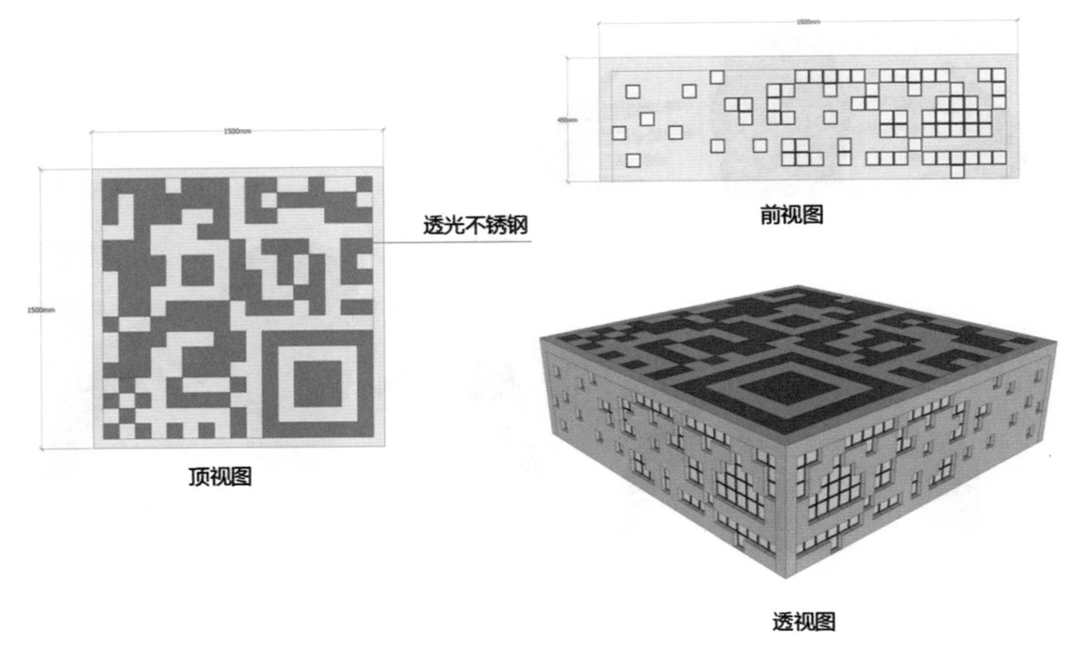

3.6.31　雕塑节点图 3

3.6.32　项目鸟瞰效果图

园区设计多种互动体验装置，以人工智能符号为元素，通过视觉、听觉、思维等动能实现景观的可视化、情景化、生态化，为未来产业园区的设计与发展提供了必要的参考。

第七节　合肥滨湖金融小镇B区

合肥滨湖金融小镇启动区B地块位于安徽省合肥市包河区，是合肥市的中心区。合肥加速融入长三角城市群，着力打造区域性金融中心，急需构建一个既能展示国际化形象，又能承载金融高端产业的集聚区，金融小镇的建设可极大满足合肥区域发展诉求。合肥滨湖金融小镇是安徽省级特色小镇，以打造“长三角金融新坐标国际化生态未来地”为愿景。

项目概述
项目区位
滨湖金融小镇处于包河区大圩镇卓越城片区内，北至黄河路，东至吉林路，西至山东路，南至钓鱼岛路。总占地面积3.5平方公里，项目范围如图所示。

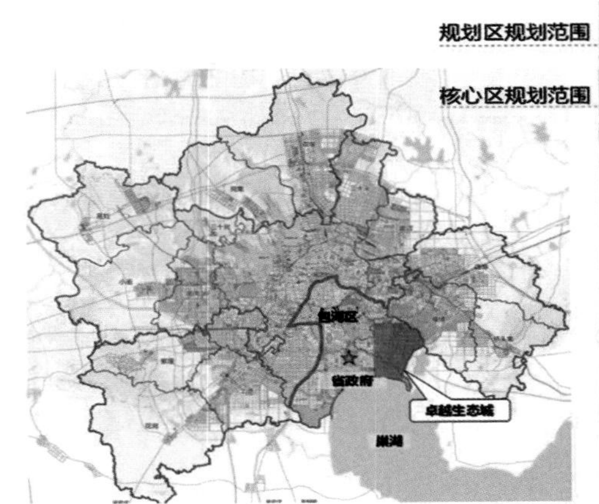
包河区
卓越生态城
巢湖

卓越生态城范围
规划区规划范围
核心区规划范围

3.7.1　项目区位

项目位于合肥市包河区，规划用地7.76公顷。用地周边的地铁1号线和地铁5号线为项目，提供了便利的交通环境。地块东侧为城市快速路重庆路，北侧为城市次干道黄河路，西侧、南侧分别为城市支路山东路、大圩路。周边交通便利，道路通达。项目北边和西南方向有多个住宅用地，东边有大圩生态农业景区，人口资源丰富，景观资源密集。

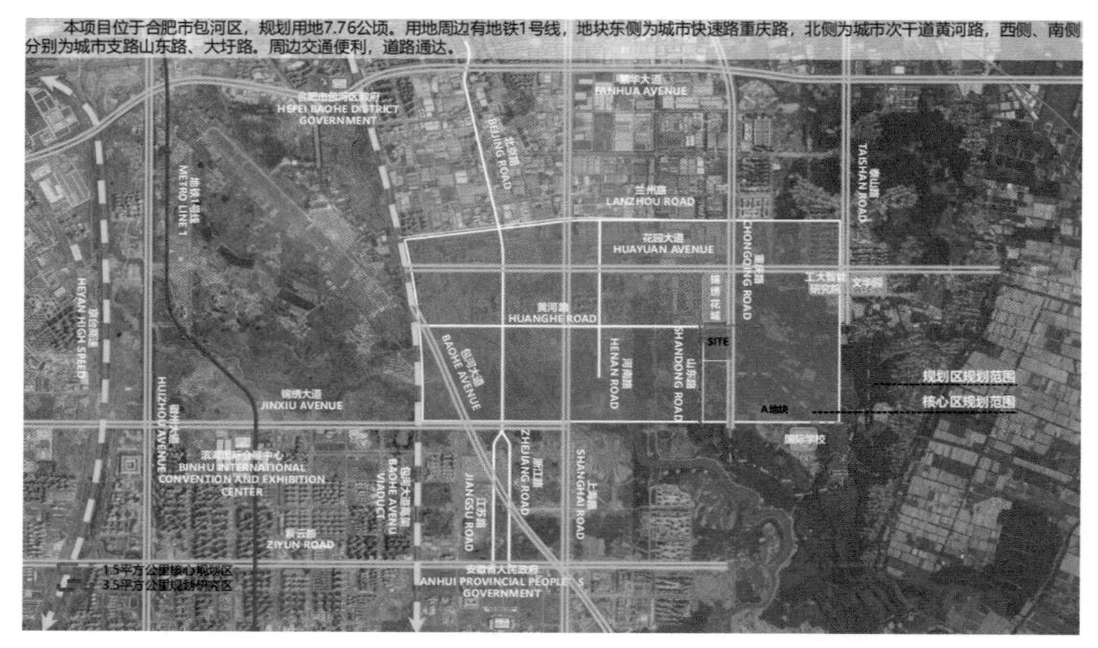

3.7.2　项目交通分析

3.7.3　项目鸟瞰效果图

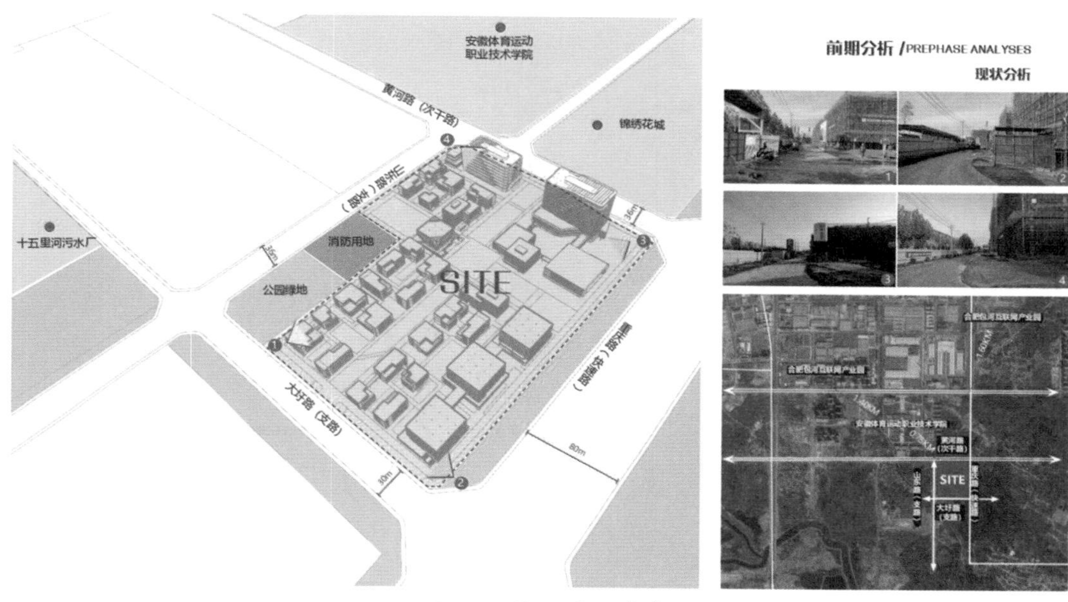

3.7.4　项目现状分析

建筑整体排列规整，6 至 12 层的高楼沿着场地东北两侧排列，场地中间多为 3 至 4 层办公楼，其间商业街区较少。场地内部尺度较大，中部景观轴面积约有 5176.8 平方米。

3.7.5　项目建筑产品分析

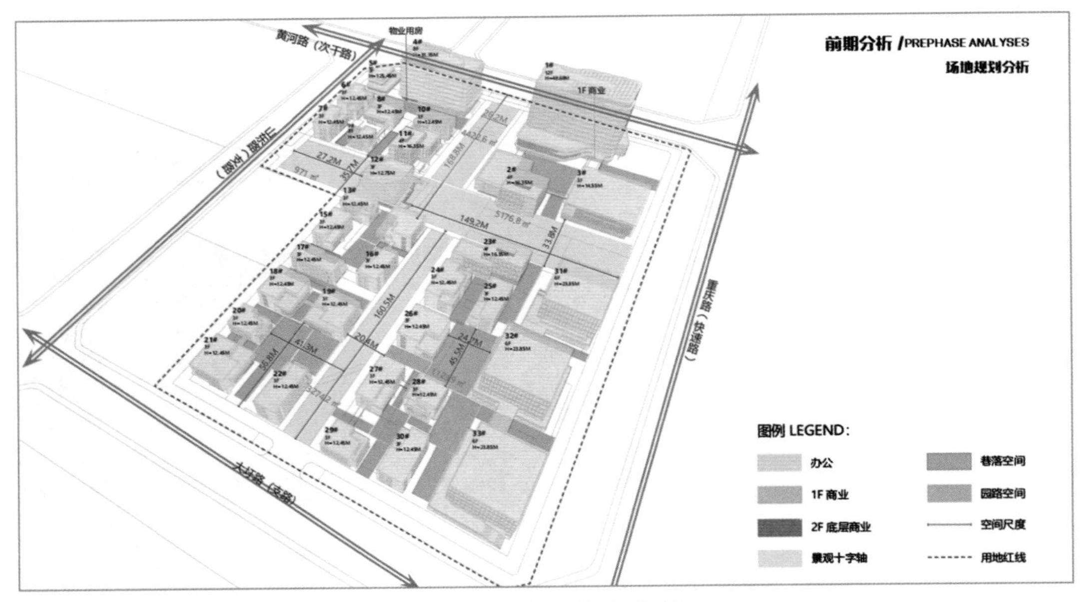

3.7.6 项目场地分析

以庭院组团为核心，场地所有建筑景观向内院开放，形成一个个绿意盎然的生态谷地。通过轴线丰富建筑的空间形态，强调依照功能秩序打造园路空间，同时利用巷落空间为建筑群提供良好的自然通风条件。

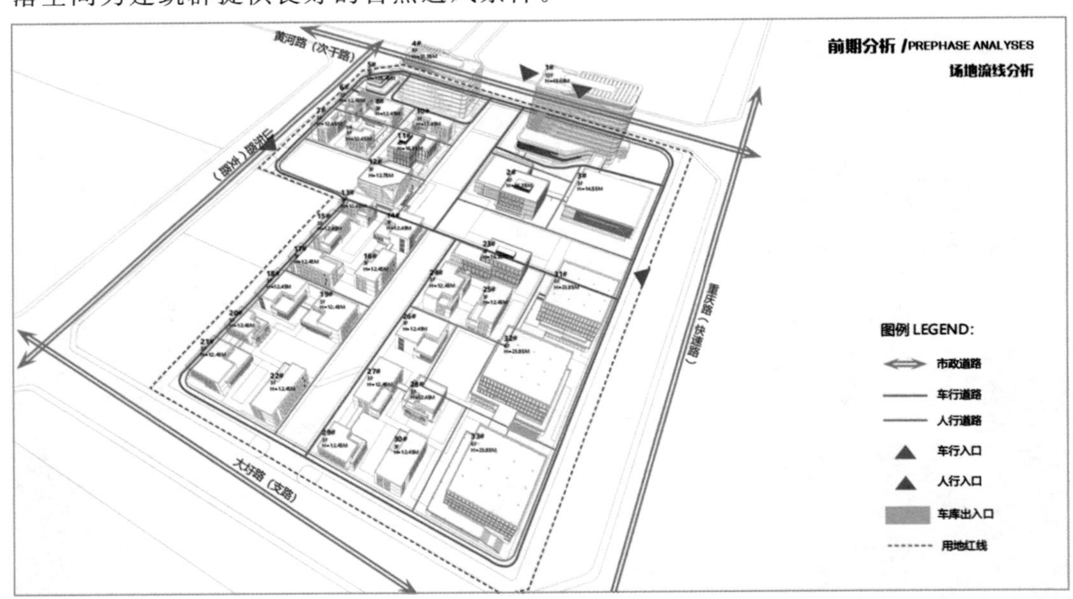

3.7.7 项目场地流线分析

3.7.8　项目客群分析

3.7.9　建筑风格分析

整体风格现代时尚，建筑语言简约大气、干净纯粹，线条感强烈。低层与高层建筑错落有致，立面造型多为玻璃幕墙，由纵向线条分割，造型比例适度，光影空间深邃，颜色干净柔和，外观整洁大气。

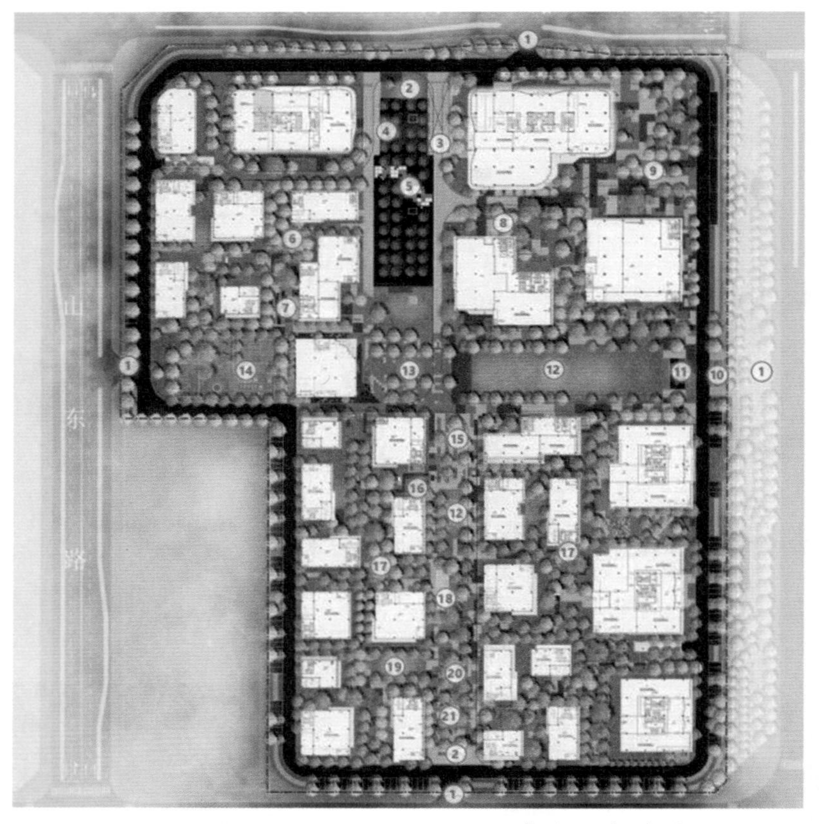

① 金融小镇出入口
② logo 案名
③ 中轴大道
④ 杉林落影
⑤ 幻影汀步
⑥ 林下花园
⑦ 条形树池
⑧ 聚宝广场
⑨ 七彩盒子
⑩ 入口 logo
⑪ 碧水叠石
⑫ 无界草坪
⑬ 魔方世界
⑭ 轻氧健身
⑮ 绿林魔方
⑯ 社交条形座椅
⑰ 魔方花园
⑱ 时语廊架
⑲ 思想者草坪
⑳ 像素座椅
㉑ 律动魔方铺装

3.7.10　总平面索引图

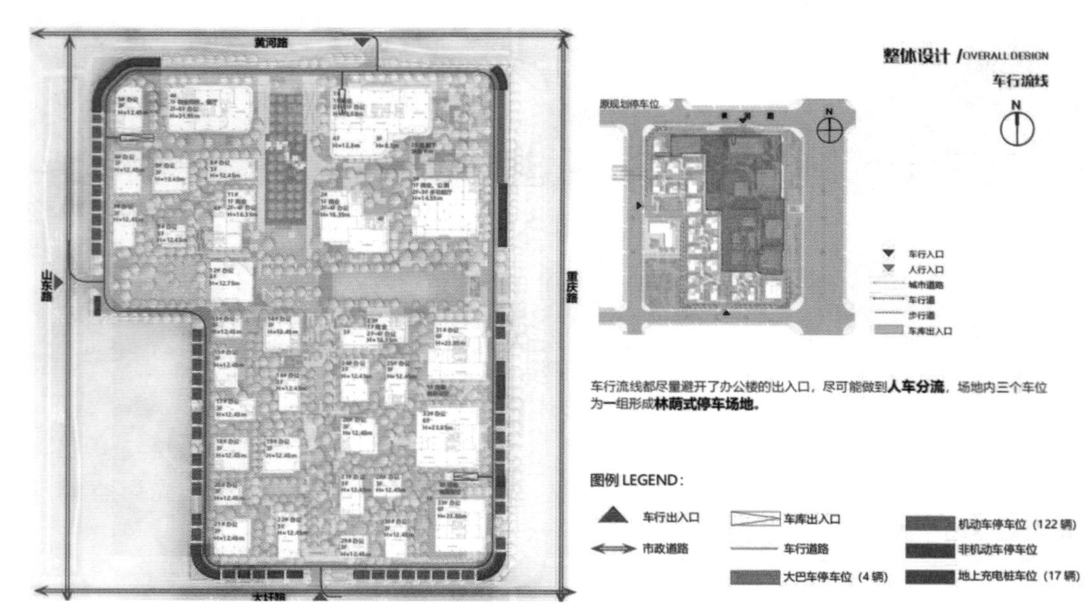

黄河路
山东路
重庆路
整体设计 / OVERALL DESIGN
车行流线
原规划停车位
车行入口
人行入口
车行流线都尽量避开了办公楼的出入口，尽可能做到人车分流，场地内三个车位为一组形成林荫式停车场地。
图例 LEGEND:
车行出入口
车库出入口
机动车停车位（122 辆）
市政道路
车行道路
非机动车停车位
大巴车停车位（4 辆）
地上充电桩车位（17 辆）

3.7.11　车行流线规划

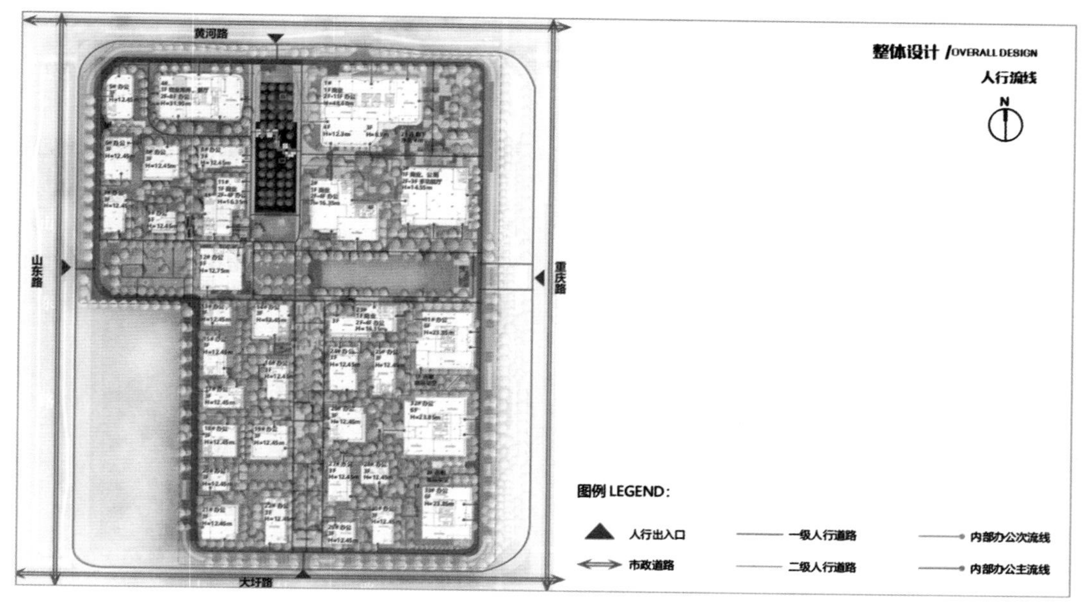

3.7.12　人行流线设计

通过几何绿篱、艺术雕塑、景观水景阵列布置，以及地面铺装设计来组织引导人流，形成网格形态，从而引起人们的社交、休闲和休憩停留的兴趣。

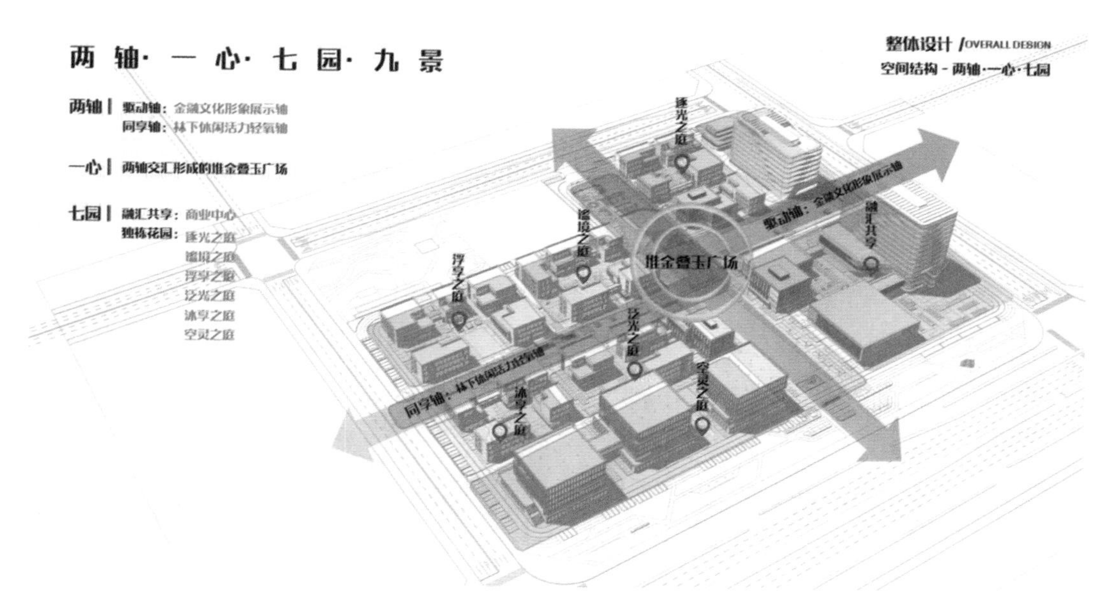

3.7.13　景观空间结构规划

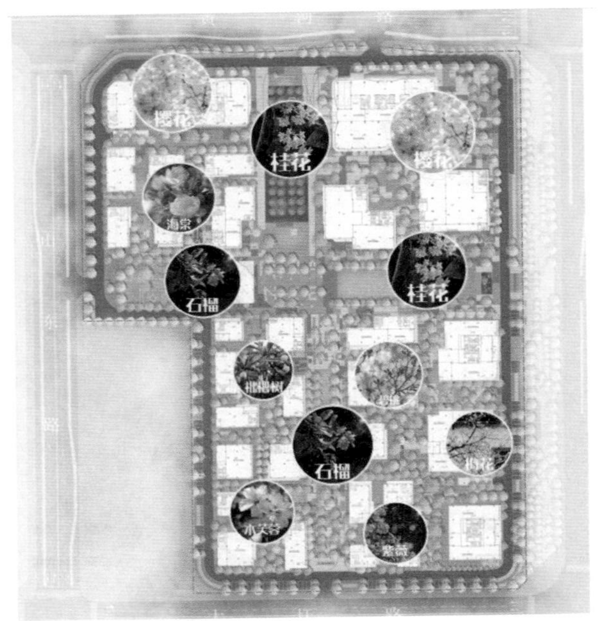

整体设计 /OVERALL DESIGN

空间结构 - 九景

四时有序、自然野趣，季节植物营造景观空间

魔方——九景

一景·金桂谷
二景·红榴谷
三景·暖樱谷
四景·欢棠谷
五景·满金谷
六景·芙蓉谷
七景·醉桃谷
八景·薇光谷
九景·梅影谷

3.7.14　景观空间“九景”

中轴景观遵循对称性原则，采用对植列植的方式贯穿整个轴线，选取树形挺拔的大树对称种植，显示入口的对称恢弘。重点区域选取池杉，打造干净纯粹的杉树林空间，用榉树、榔榆搭配寓意吉祥美好的金桂，打造简约大气的轴线空间。主要植物有桂花、乌桕、榉树、娜塔栎、池杉。

3.7.15　中轴线景观

3.7.16　镜面水景

3.7.17　内街中心花园

3.7.18　内街铺装广场

3.7.19　内街小景

中心花园绿化设计延续入口轴线，总体采用干净整洁的列植方式，部分区域根据使用性质，打造繁密茂盛的种植空间。植物选择上趋向质感细腻、色彩鲜亮、树形舒展的植物，如元宝枫、石榴、朴树等，以打造恢弘大气及趣味盎然的休闲空间。

3.7.20 内街灌木景观

3.7.21 内街水景

3.7.22　无界草坪 1

3.7.23　无界草坪 2

3.7.24　内街雕塑小景

3.7.25　内街休息区 1

3.7.26　内街休息区 2

3.7.27　内街休息区 3

3.7.28　内街休息区 4

在时语廊架这里，时间似乎放慢了步伐，光阴流动的声音仿佛清晰可闻，温暖的光伴随着交叠的影子打在人心上，让人觉得暖暖的。

3.7.29　内街休息区 5

3.7.30　户外运动中心 1

3.7.31　户外运动中心 2

商业办公广场的种植空间多为整洁利落的树丛、干净舒心的林荫道与充满趣味的花池座椅，给人以清新舒适之感。它巧妙借用植物的高低层次、虚实对比以及丰富的空间变化，创建更适合现代化商务办公的景观空间。

3.7.32　展厅后庭院 1

3.7.33　展厅后庭院 2

3.7.34　展厅后庭院 3

3.7.35　展厅后庭院 4

3.7.36　商业外摆 1

3.7.37　商业外摆 2

3.7.38　林间景观

办公花园场地性质决定了该地块休闲宁静的氛围，植物空间注重烘托、协调主要景观空间，营造休息空间，部分空间种植采用孤植大树，打造开阔干净的景观空间。主要植物有北美海棠、二乔玉兰、木芙蓉、柿树。

3.7.39　内庭院景观 1

3.7.40　内庭院景观 2

内庭院部分空间种植结合地形设计阶梯种植池，采用四季常青的枇杷串联整个场地。主要植物有木芙蓉、银杏、杨梅、朴树、金桂。

3.7.41　内庭院景观 3

3.7.42　内庭院景观 4

3.7.43　内庭院景观 5

碧桃寓意信心满满，充满惊喜。此处主要用碧桃串联多个场地。主要植物有碧桃、蜡梅、枇杷。

3.7.44　内庭院景观 6

紫薇寓意好运、蓬勃、朝气，有紫气东来之意。此处主要采用紫薇围合林下休闲空间。主要植物有紫薇、女贞、红叶李。

3.7.45　内庭院景观 7

梅花寓意坚韧不拔，品性高洁。此处主要采用梅花点缀林下休闲空间。主要植物有蜡梅、红梅、枇杷。

专项设计 /SPECIAL DESIGN
植物设计原则
轴线空间
植物遵循干净整洁的列植方式，随着季节变化，植物色彩、芳香、姿态、风韵等不同植物季相变化会丰富轴线景观有不同的质感和美感。
Plants follow a clean and tidy planting method. With the change of seasons, different plant seasons such as plant color, aroma, posture and charm will enrich the axis landscape and have different texture and beauty.

商业空间
商业区域以观赏性植物为主，通过不同空间层次植物搭配，巧妙借用植物高低对比、虚实变化，营造或开敞或私密的空间氛围。

办公空间
由绿化围合成的小空间，整体营造出轻松氛围，根据办公人群的心理需求通过植物的花、叶、果、姿在视觉、听觉、触觉、嗅觉上给人带来不同的感官体验。
健身空间
根据场地空间的功能种植不同的植物串连景观空间，增加空间多样性和趣味性，形成现代流畅、简洁的格局，创造易于导入、开敞、活力、休闲的空间体验。
According to the function of the site space, plant different plants to connect the landscape space, increase the diversity and interest of the space, form a modern, smooth and concise pattern, and create a space experience that is easy to import, open, dynamic and leisure.

3.7.46　植物设计原则

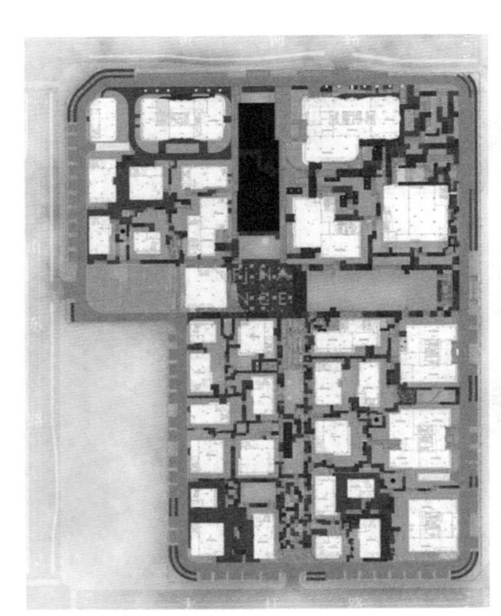

3.7.47　铺装设计原则

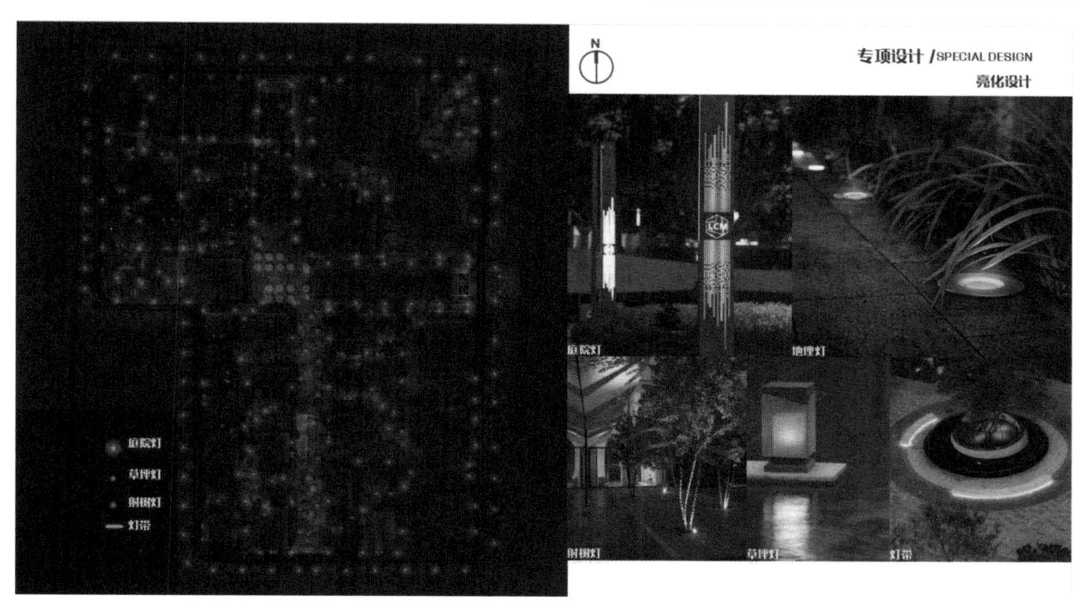

3.7.48　亮化设计

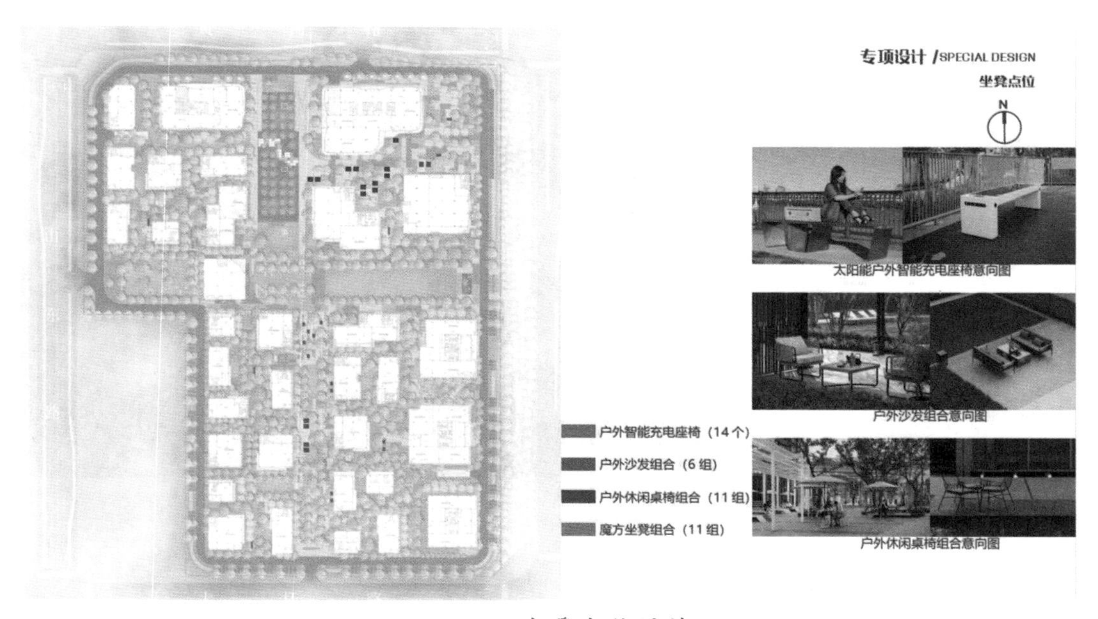

3.7.49　坐凳点位设计

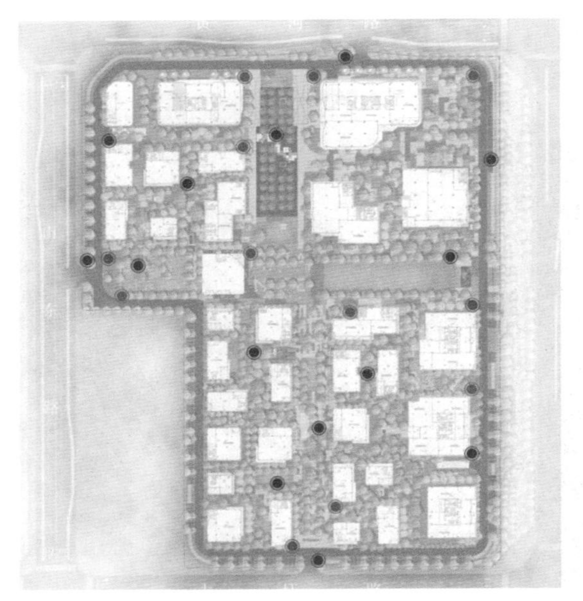

专项设计 /SPECIAL DESIGN
景观标识点位
N

图例 LEGEND:

- 平面指示牌
- 温馨提示牌
- 停车指示牌
- 多功能方向指示牌

3.7.50 景观标识点位

专项设计 /SPECIAL DESIGN
景观标识系统意向

3.7.51 景观标识系统

第八节　南京东久互联科技研发中心

南京东久互联科技研发中心是南京市雨花台区科技成果转化服务中心与东久中国共同打造的以科技企业总部为核心的科技产业园，旨在服务产业定位清晰、具有一定规模、发展方向明确的高成长性科技企业。东久创新中心地处软件谷核心区域，交通便捷，紧邻 G42 沪蓉高速和机场快速路，距离地铁 1 号线约 800 米，距离南京南站车程约 10 分钟，周边酒店、住宅、商业、教育配套一应俱全。其产业方向为以科技企业总部为核心，以移动互联网、云计算大数据、人工智能、互联网教育、通信软件及信息安全等为产业定位，着力打造创新生态系统，助推区域创新发展。

项目愿景：以花园式办公组团、地标性街区形象和数字社群集聚区为目标，打造创新型标杆，全天候聚合交往社区，满足新时代产业诉求。

设计策略：开放多元——实现地标价值的商务办公、休闲、城市展示特点的品质空间；精致时尚——将文化理念进行挖掘和提炼，将艺术表达形式融入景观中；艺术互动——融入体验感，增强参与性，给参观者营造互动的、愉悦的、耐人寻味的独特空间。

3.8.1　项目实景图

项目要解决好建筑空间与城市景观的融合、运动功能与景观的结合、场地与街道的关系问题，就需要思考如何有效利用空间，让建筑景观一体化，发挥景观空间的参与性，这也是该项目景观设计提升办公项目的价值所在。

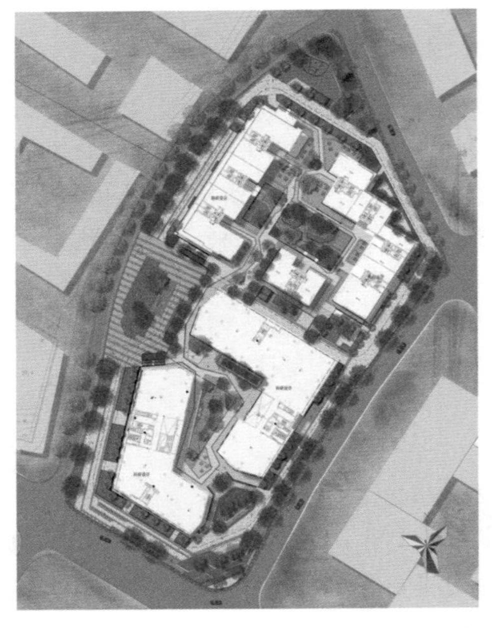

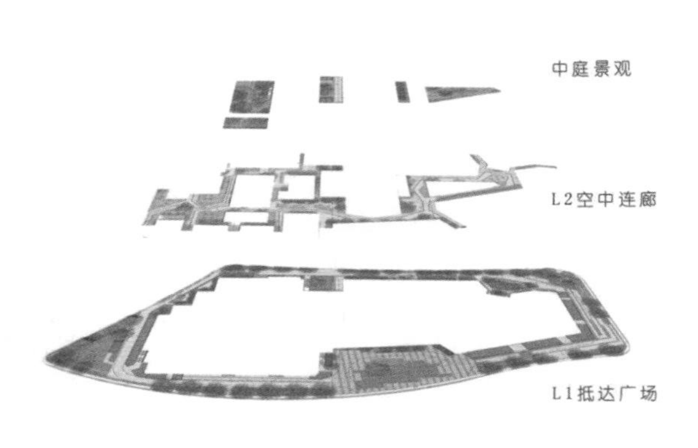

3.8.2　景观总平面图

地面景观以“水中绿岛”为设计理念，景观铺装蜿蜒汇聚于高耸的建筑之间，形成“谷”底意境，从而打造出一座“山谷为基，水为气，汇聚人才，聚集产业”的生态智慧之谷。

总图分析　　景观功能分区
MASTER PLAN ANALYSIS

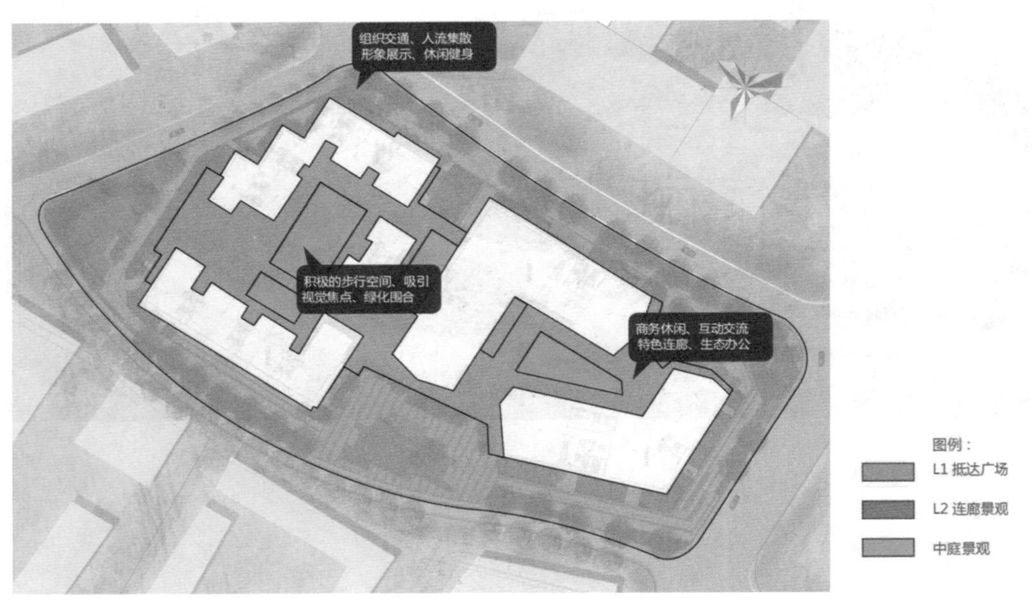

3.8.3　景观功能分区

总图分析

景观动线

LANDSCAPE CIRCULATION

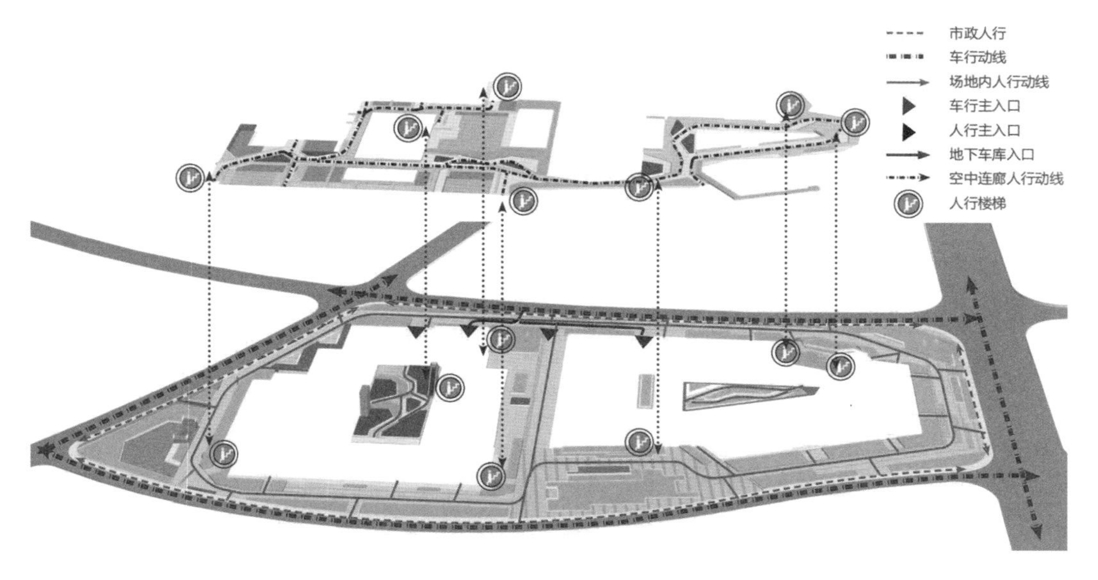

3.8.4　景观动线

软硬景对比

DESIGN PROCESS

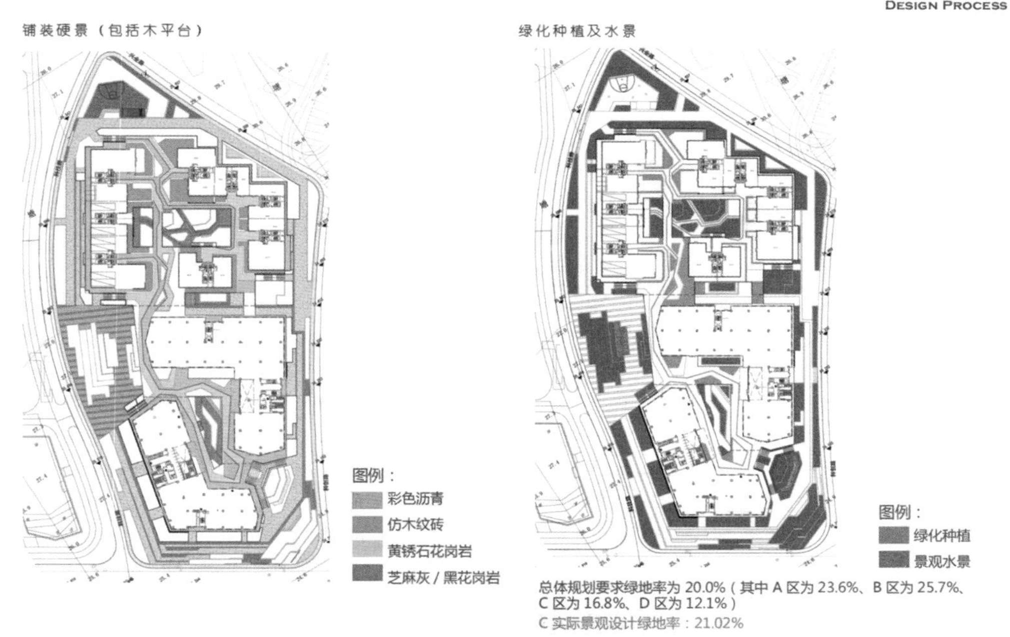

3.8.5　软硬景对比

围绕科技企业总部主题，调研人群需求，结合周边城市业态，弥补周边景观形态空缺，采用互动性的景观设计手法，打造大气简约、格调高雅的开放广场空间，以吸引周边人群。广场上铺装渐变的马赛克肌理、镜面水上立体方块发散的灯光雕塑、金属不锈钢的树池篦子，处处紧扣科技创新的主题，规整的空间布局与现代化的建筑造型相辅相成，体现出园区的科技感、现代感和精致感。

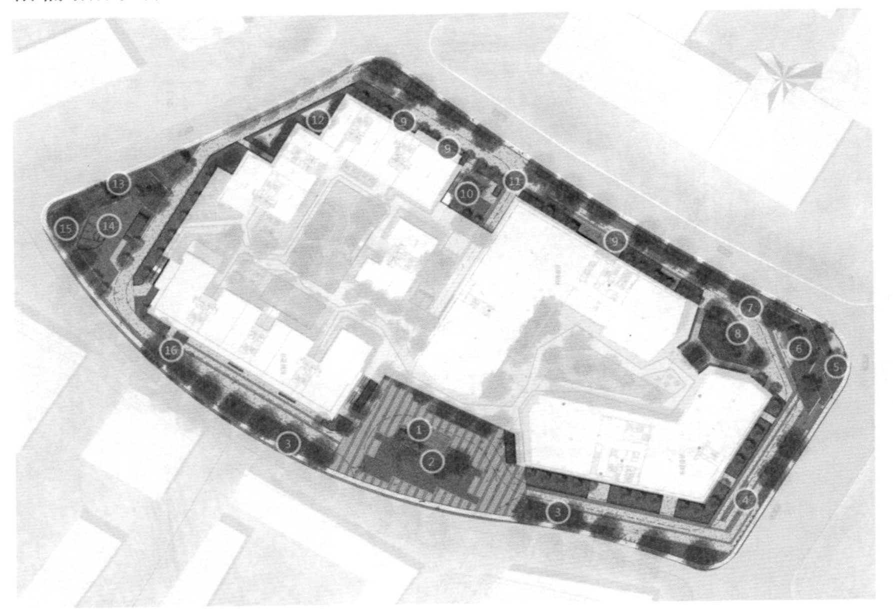

3.8.6 景观索引图

L1抵达广场

功能分析
FUNCTION ANALYSIS

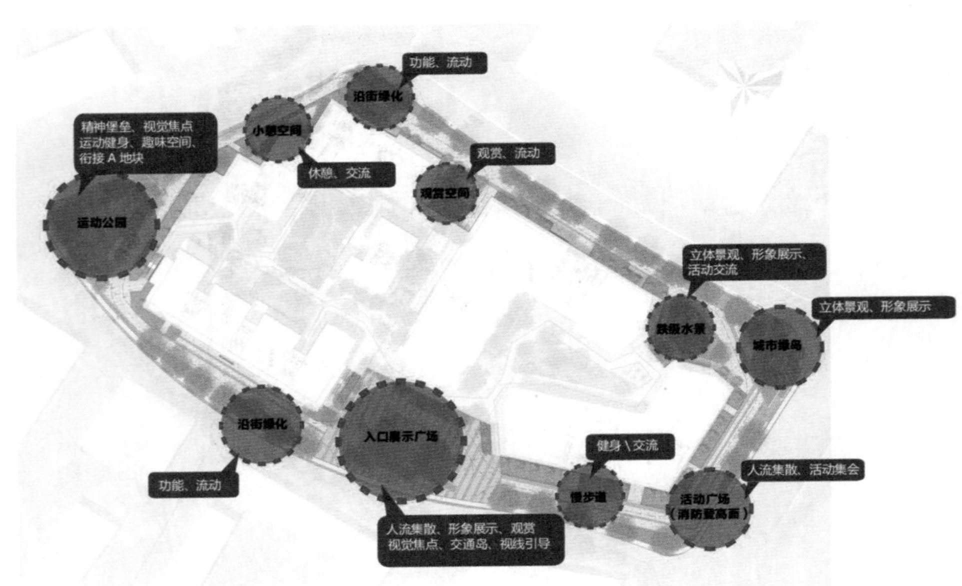

3.8.7 一层景观功能分析

分区放大平面/意向图

道路绿化带

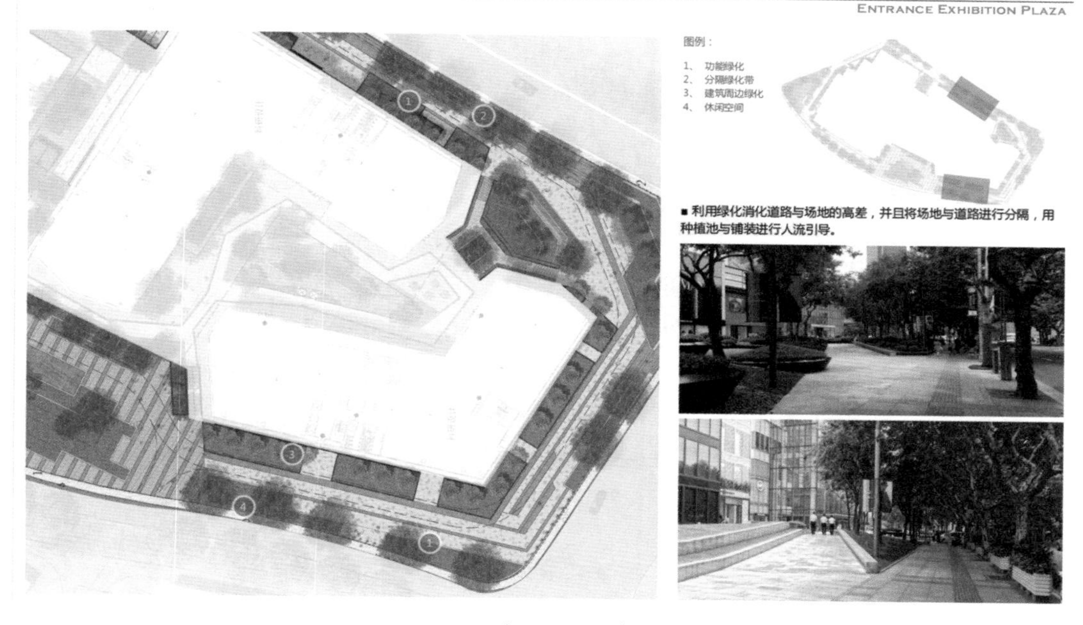

ENTRANCE EXHIBITION PLAZA
图例：
1、 功能绿化
2、 分隔绿化带
3、 建筑周边绿化
4、 休闲空间
■ 利用绿化消化道路与场地的高差，并且将场地与道路进行分隔，用种植池与铺装进行人流引导。

3.8.8　道路绿化带设计

L1抵达广场

场地与道路关系

LANDSCAPE CIRCULATION

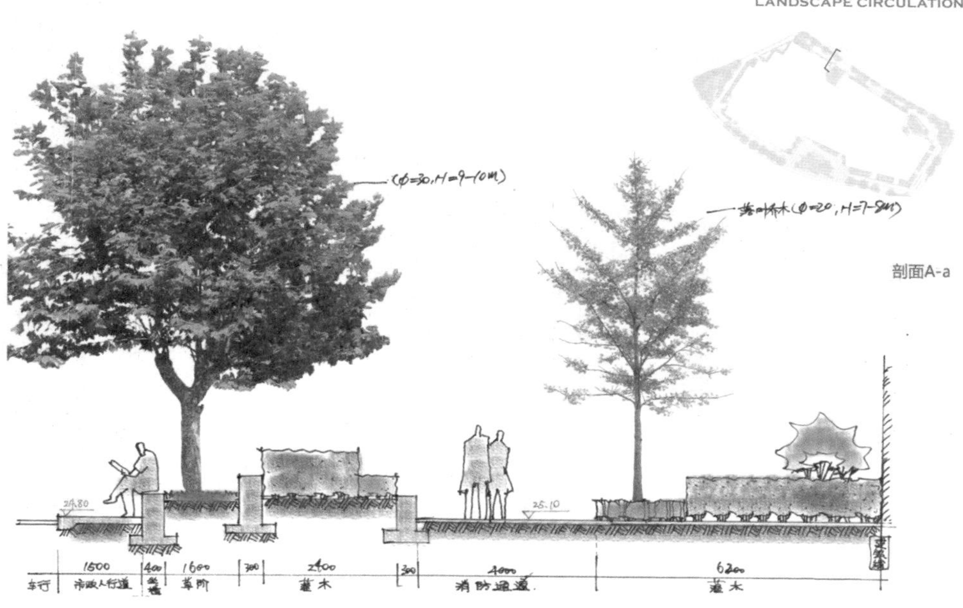

3.8.9　道路剖面图 1

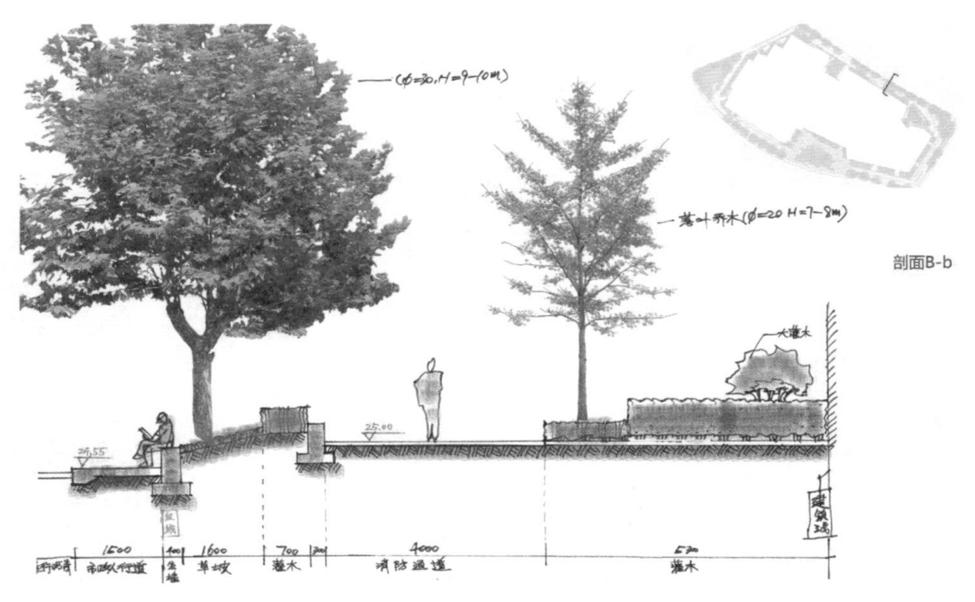

3.8.10　道路剖面图 2

3.8.11　道路绿化效果图 1

3.8.12　道路绿化效果图 2

3.8.13　梯级水景实景图

利用绿化道路与场地的高差，将场地与道路进行分割，通过种植池及铺装进行人流引导。

3.8.14　道路绿化效果图 3

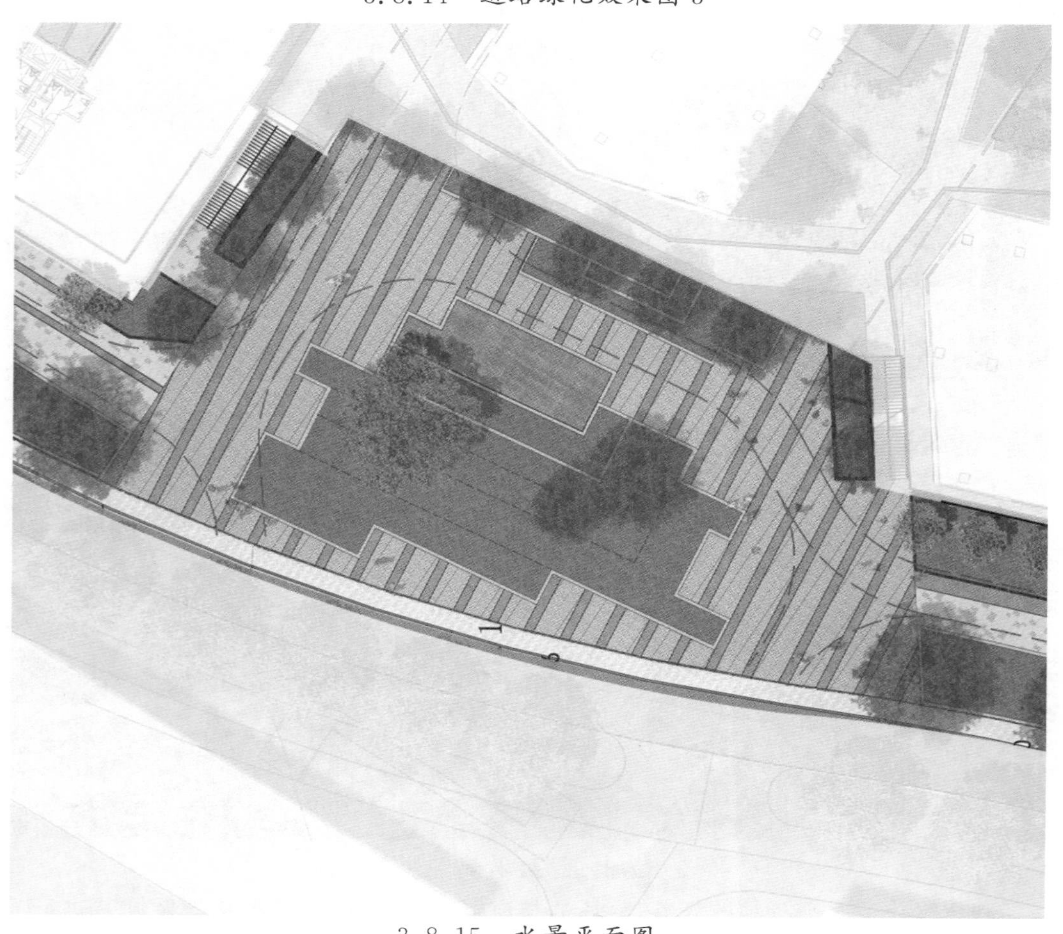

3.8.15　水景平面图

深浅不同的正方形黑白灰花岗岩组成的广场铺装，在视觉上构成整体裂变并逐渐向外发散、游离之效果，隐喻着信息化时代中的信息的裂变与流动，奠定了广场的整体基调。

3.8.16 中心广场鸟瞰图

3.8.17 中心广场

3.8.18 中心广场实景图

3.8.19 景观绿岛

景观绿岛兼顾交通和人流集散，用水景、几何绿坡和主景树作为场地形象展示，并用线性铺装做视觉引导。

3.8.20　城市转角广场平面图

城市转角广场用叠级挡墙和台阶组成立体的景观层次，在消化高差的同时对城市道路与场地进行阻隔，最大程度地消除外界对场地环境的影响。场地内以梯台草阶为背景，与跌级水景结合，和城市广场一起构成多层次的景观。级水景隐映于绿地之中，使人能够在苍苍绿意中隐隐闻得潺潺水声，别有一番盎然生趣。

3.8.21　城市转角广场鸟瞰图

3.8.22　城市转角广场 1

3.8.23　城市转角广场 2

3.8.24　城市转角广场 3

3.8.25　城市转角广场 4

3.8.26　城市转角广场 5

3.8.27　内庭绿岛景观

3.8.28　街角休息区

修剪整齐的退台绿化让绿意簇拥着建筑，成为园区又一处绿岛，将人对自然的依存作为办公生活体验的重要思考。零星的休憩空间是相对私密的休憩和交往场所，是对公共空间的补充，也是对园区场地空间的充分利用。

3.8.29 内庭一角

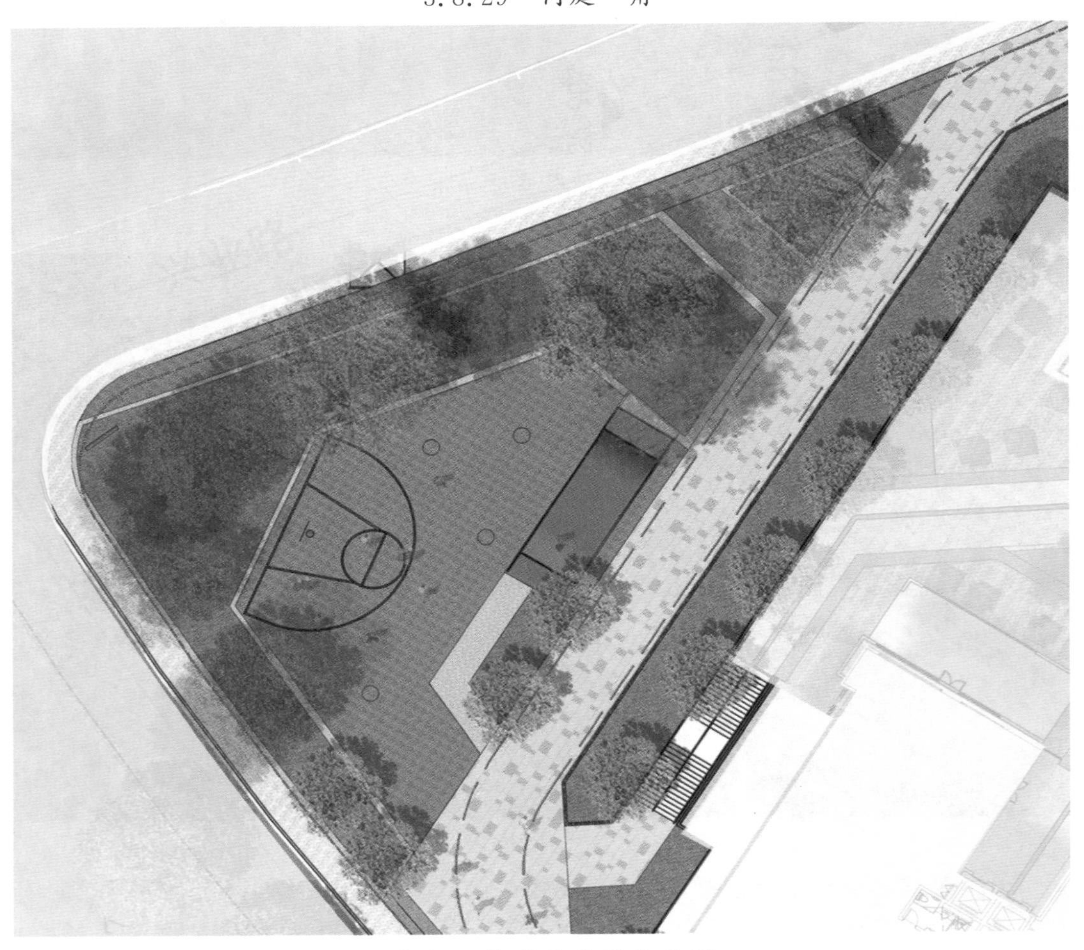

3.8.30 街角运动场平面图

该区域和A地块东部转角区域共同构成面向城市界面的过渡空间，利用绿化组团隔离外部空间，使内部形成一个健身活动场地。沿街设置了百余个共享单车停车位。

3.8.31　街角运动场效果图

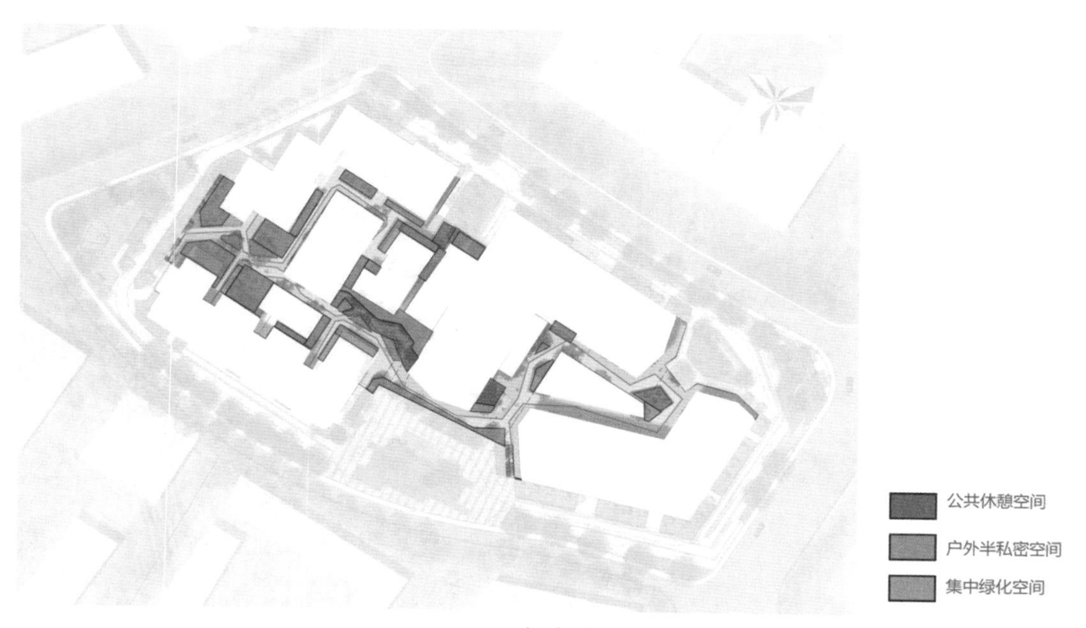

3.8.32　内庭空间规划

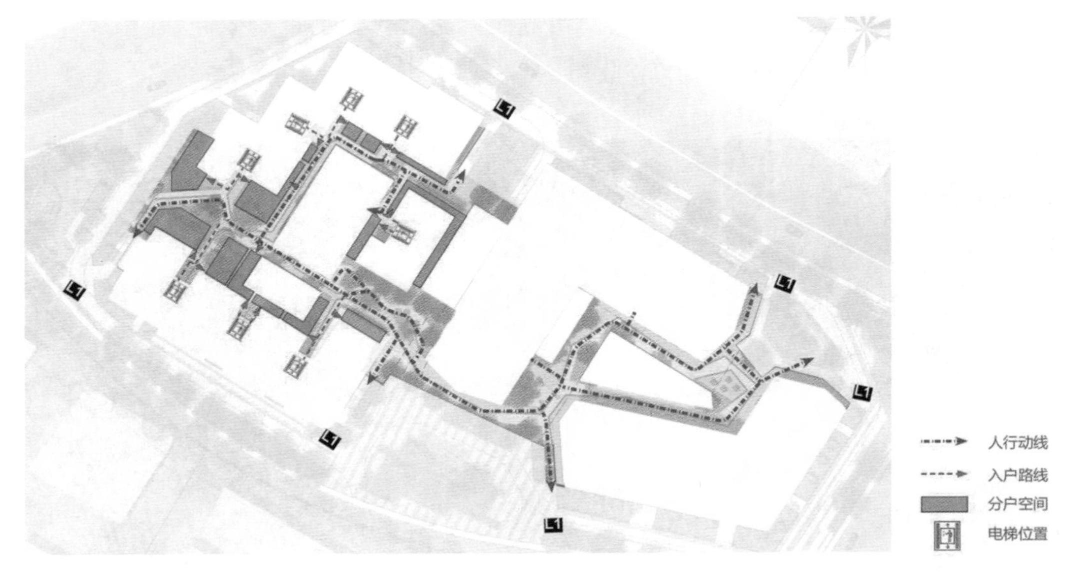

3.8.33　内庭动线规划

通道空间、公共休憩空间、小业主的户外半私密空间的划分架空天井部分景观带给二层使用者以惬意感受。使用轻质种植土、永久性种植池绿化 + 可移动绿化解决地面荷载及覆土不足问题。

连廊线条走向和一层广场铺装保持统一，延续支脉生长的走向；在保证人行通道的前提下，适当以绿化修饰和分隔空间；尽量保证商户有各自独立的户外空间，适当作景观处理；局部景观树或小品做视线焦点，点缀空间。

3.8.34　内庭效果图

3.8.35　内庭实景图

3.8.36　内庭公共休憩区

公共休憩区，不仅是商务休闲和社交空间，也是远眺风景、亲近绿化的绝佳场地。

3.8.37　内庭平台景观

3.8.38　内庭外摆

3.8.39　内庭实景图

3.8.40　内庭鸟瞰图

架空层中庭区域采光不足，“绿洲”是难得的休憩、交流、观赏空间展示营销中

心:前期满足展示(设置外摆小品;周围柱网较多,适当进行空间的围合)、标识性、休憩、交流、观赏需求,后期考虑食堂人流量较大,预留足够的通行集散空间。

将集中场地划分成不同形态的户外休息空间,给业主提供了休憩和外摆空间。

3.8.41　内庭下沉景观

3.8.42　内庭铺装

3.8.43　内庭景观实景图

3.8.44　内庭营销中心入口

3.8.45 内庭景观

3.8.46 内庭实景图

3.8.47　项目实景图

3.8.48　植物设计

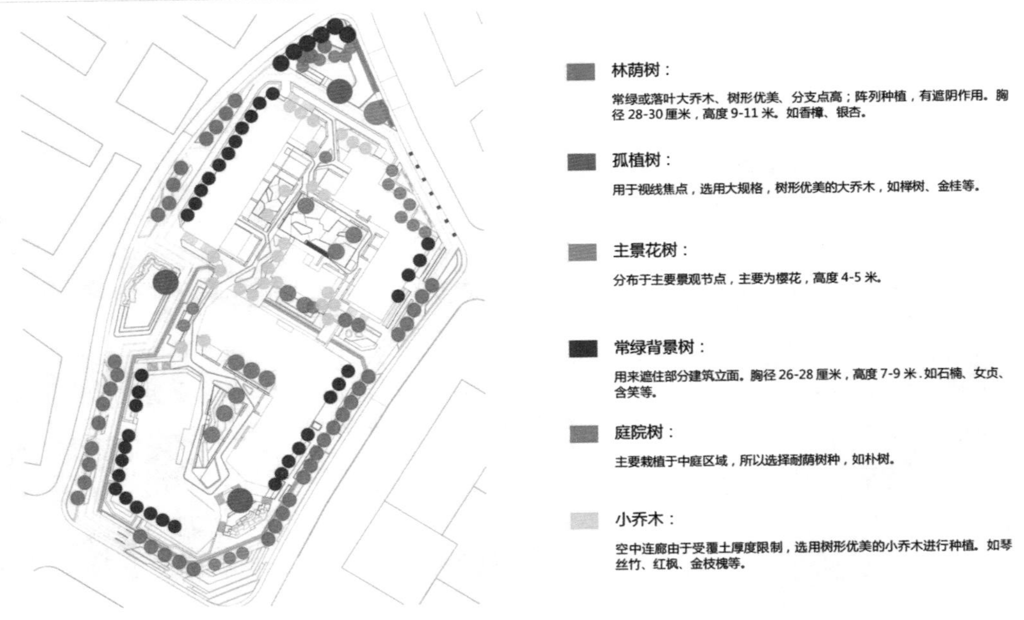

林荫树：
常绿或落叶大乔木、树形优美、分支点高；阵列种植，有遮阴作用。胸径 28-30 厘米，高度 9-11 米。如香樟、银杏。
孤植树：
用于视线焦点，选用大规格，树形优美的大乔木，如榉树、金桂等。
主景花树：
分布于主要景观节点，主要为樱花，高度 4-5 米。
常绿背景树：
用来遮住部分建筑立面。胸径 26-28 厘米，高度 7-9 米. 如石楠、女贞、含笑等。
庭院树：
主要栽植于中庭区域，所以选择耐荫树种，如朴树。
小乔木：
空中连廊由于受覆土厚度限制，选用树形优美的小乔木进行种植。如琴丝竹、红枫、金枝槐等。

3.8.49　乔木布点设计

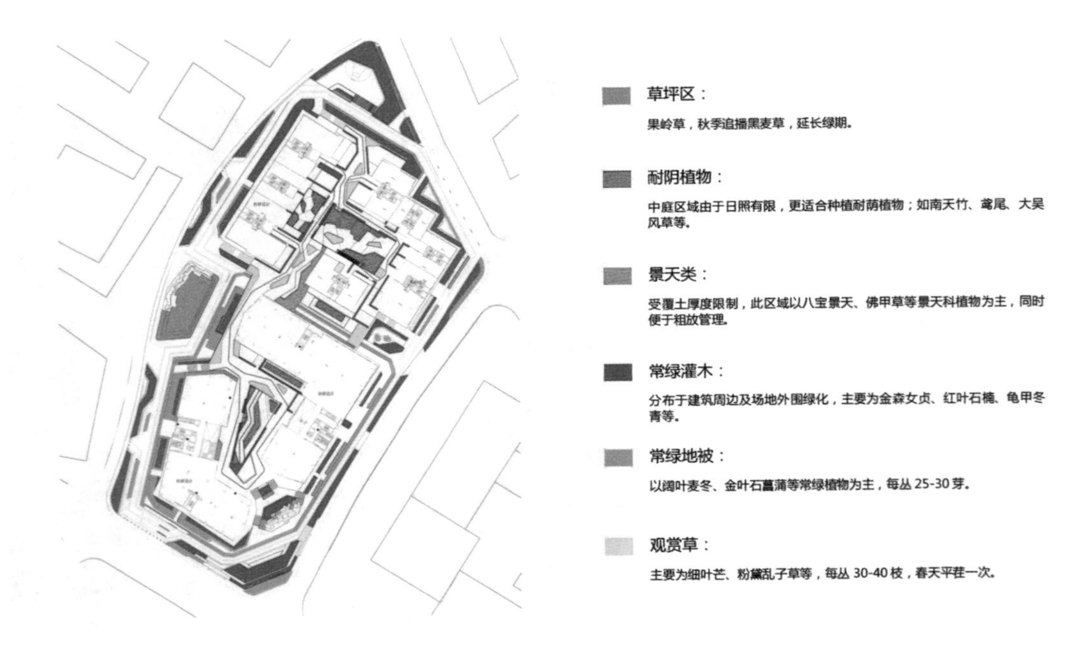

草坪区：
果岭草，秋季追播黑麦草，延长绿期。
耐阴植物：
中庭区域由于日照有限，更适合种植耐荫植物；如南天竹、鸢尾、大吴风草等。
景天类：
受覆土厚度限制，此区域以八宝景天、佛甲草等景天科植物为主，同时便于粗放管理。
常绿灌木：
分布于建筑周边及场地外围绿化，主要为金森女贞、红叶石楠、龟甲冬青等。
常绿地被：
以阔叶麦冬、金叶石菖蒲等常绿植物为主，每丛 25-30 芽。
观赏草：
主要为细叶芒、粉黛乱子草等，每丛 30-40 枝，春天平茬一次。

3.8.50　灌木及地被布点设计

1.设计前提。项目地处江苏南京，全年气温特点是冬寒夏热，春秋温和，属于暖温带向亚热带的过渡带气候类型，为亚热带湿润季风气候。此地年平均气温 15.7 度，降雨量近 1000 毫米，日照 2100 多个小时。

本次空间规划以互联科技企业为目标客户。因此，植物设计将进一步延伸街区式办公园区设计理念，整体风格以"现代、简洁、舒适"的景观设计理念为主，充分利用现有地形，结合园区功能定位及周边城市景观，塑造多功能、灵活开放的空间及可持续发展的金融商业办公园区。设计本着以人为本、自然和谐、生态节能的原则，充分发挥绿地的景观生态效应，合理确定乔木种类和数量比例，其中乔灌与草坪的比例约为 6 : 4，即乔灌的种植面积占总种植面积的 60%，以生态草坪为主，进行乔灌配置。

3.8.51　灌木及地被选型

2. 设计原则。强调树种乡土化，适当引入名优品种加以驯化：适地种树，以乡土树种为主，并适当引入优良的驯化品种，以增加项目的尊贵气质，凸显项目的现代、简约风格；人性化：以人为本，不仅注重观赏性，同时强调其功能上的需求，如满足遮阴、采光等不同的需求及对开阔空间和私密空间的营造；速生、慢生树种和多品种多规格的搭配：采用速生慢生多品种和多形式配置，形成丰富多变的植物景观，同时选用多种规格进行搭配，尽快形成多层次的植物景观效果，有利于节约成本；绿化硬景的结合：绿化与硬景紧密结合，共同营造观赏亮点及景观精品，达到四季有景的效果。

3.8.52 施工过程记录

3.8.53 项目实景图

3. 风格定位。本项目定位为高端互联科技办公区，整体风格为现代简约风格。为了更好地配合风格表现，突出现代、简洁、自然的植物景观特性，绿化设计以行道树、草地、花林和景观树为基调，结合局部的水体、地形特点，营造出既大气爽朗又丰富多样的园区绿化景观。

3.8.54　项目实景图

第九节　上海陆家嘴御桥科创园 04B—03 地块

上海陆家嘴御桥科创园位于中国（上海）自由贸易试验区世博地区第一辐射圈，隶属于浦东新区北蔡御桥社区。西侧接壤正在崛起的上海新型公共中心——世博前滩地区，东接张江科技城的核心区，位于东南侧的国际旅游度假区，与 11 号地铁线直接连接。

随着中国的产业发展、更新，产业园在空间布局上越来越趋向于城市功能，由交通导向到核心企业、产业集群导向，再到城市功能和产业功能导向，产城融合应运而生。产业园与城市的融合是多维度的，包括让园区融入城市生活，让园区成为城市生态的一部分，以及让园区具有城市的复合功能、形态以至于生态。

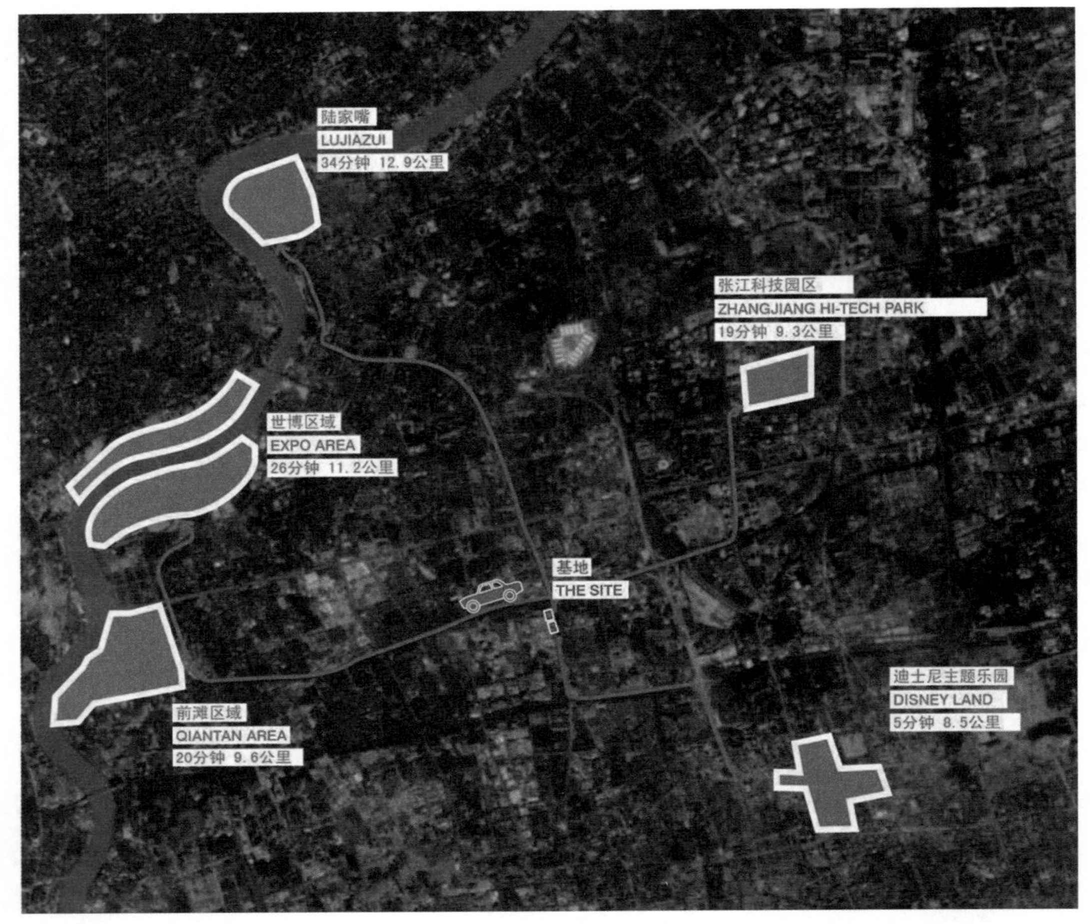

3.9.1 项目区位图

设计旨在尊重人的需求，植入弹性户外景观空间与设施，满足不同人群 24 小时的使用需求，营造具有时尚氛围的工作与休闲环境。通过立体空间设计和室内外空间的延展、活动的策划和运营，打造城市休闲娱乐互动中心。

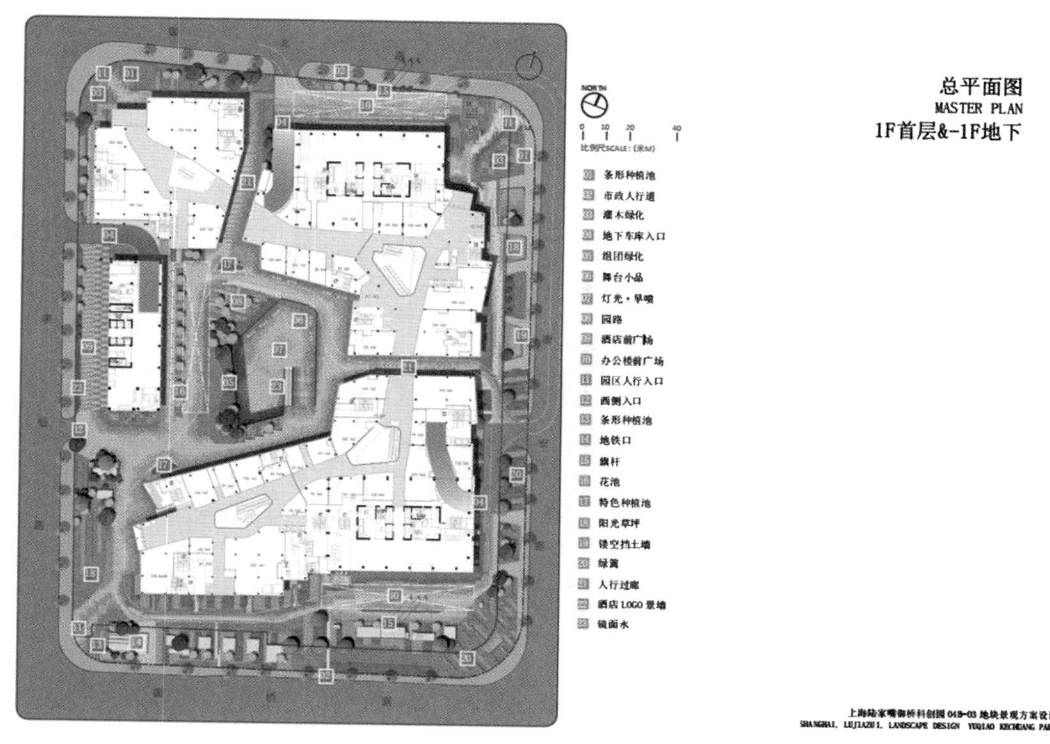

3.9.2　景观总平面图

建筑主要由商业、酒店及两栋办公楼组成。

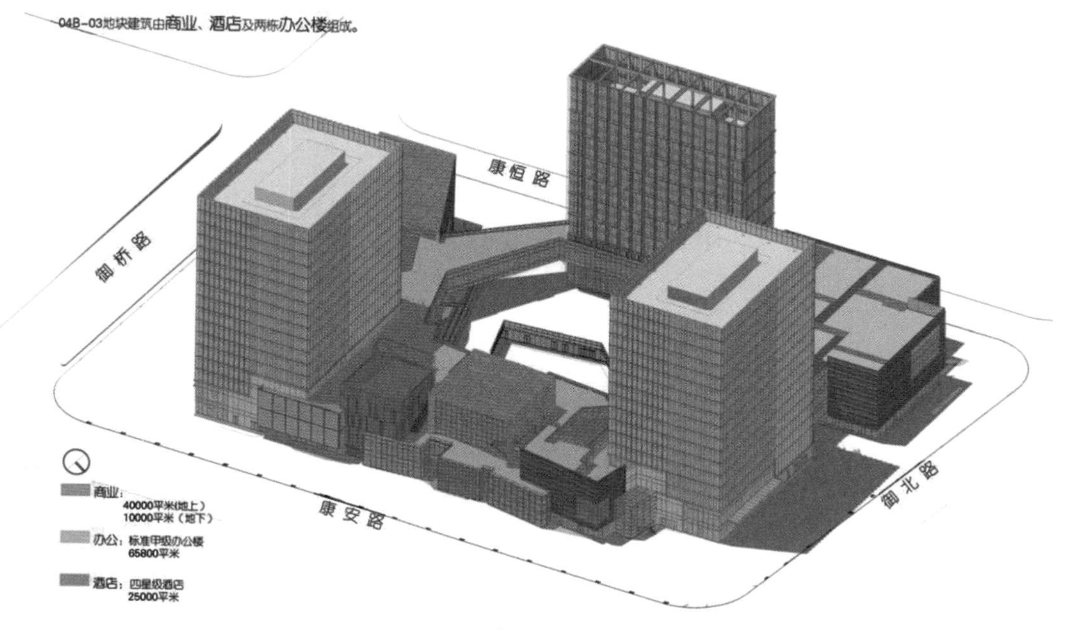

3.9.3　建筑功能分析

空间主要分为三部分：一层广场景观、地下一层内庭下沉景观及廊桥、屋顶花园景观。

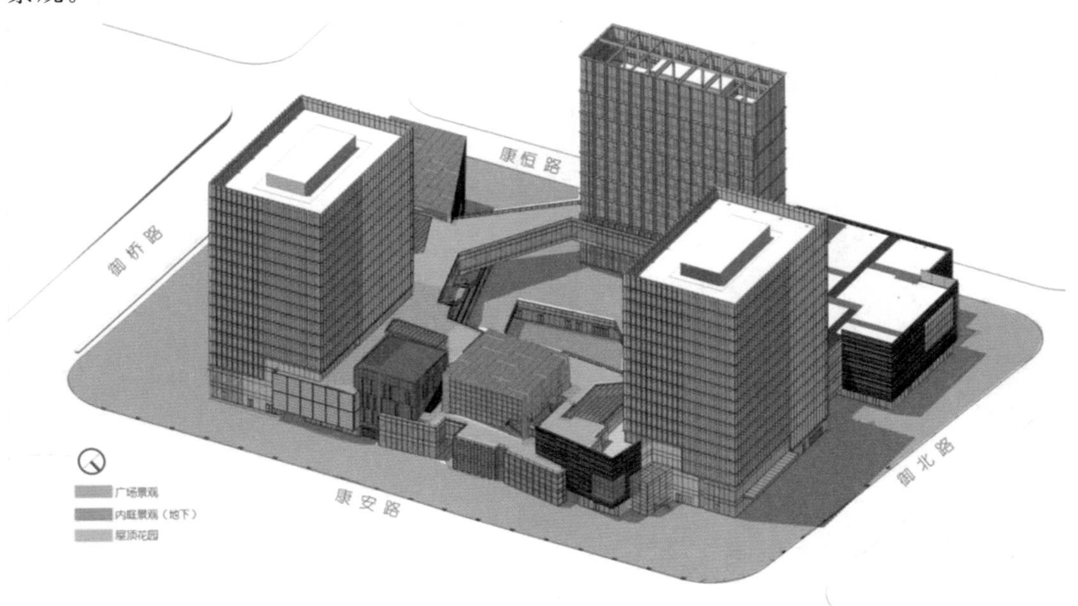

3.9.4　景观功能分区

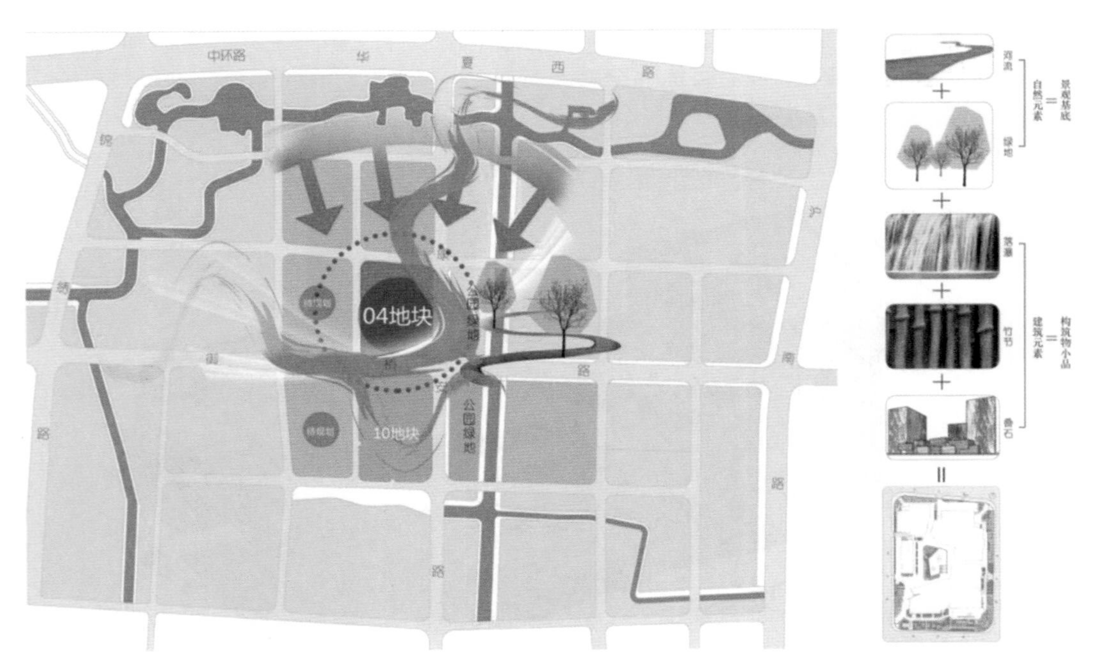

3.9.5　景观的延续性设计

南侧及东侧绿化以低矮灌木及草坪为主，在不遮挡建筑立面的前提下种植景观乔木；东侧适当增加几何微地形及孤植丛生树，丰富立面效果；南界面绿化形式呼应

10# 地块北界面的绿化形式;东侧界面与 10# 地块东侧界面设计手法进行呼应。

3.9.6　项目街区形象分析

通过人性化功能空间和交通系统设计,营造开放共享、弹性包容、绿色生态的城市公园。串联分散的场地,加强空间联系,融合商业街区的步行空间,情景化营造体验丰富的线性空间,构建积极的城市景观界面。串联二层步行公共廊道,营造步行友好型城市通行系统,让公共空间实现更好的连接性和便捷性。

3.9.7　街角人行入口景

满足城市次干道基本的市政绿化设计需求;绿化以低矮灌木为主,不遮挡建筑立面,保证基本商业交通功能。

3.9.8　街角景观

3.9.9　街角铺装景观

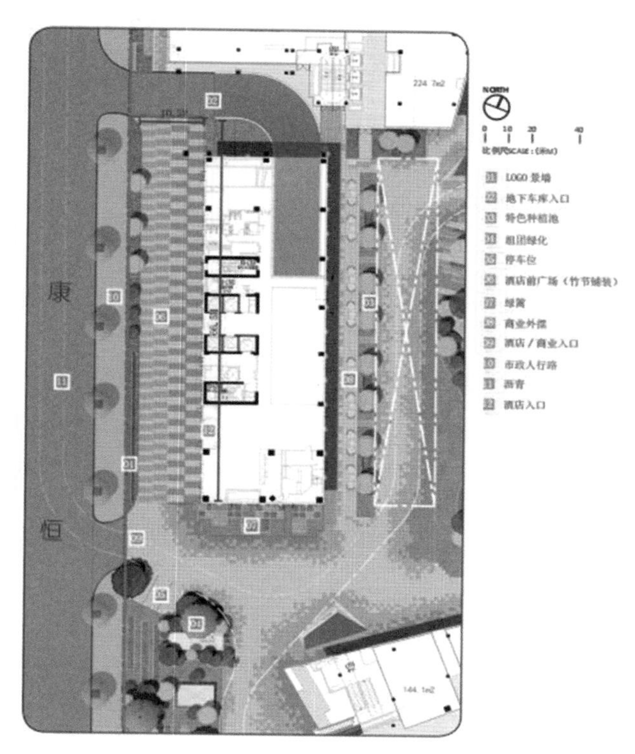

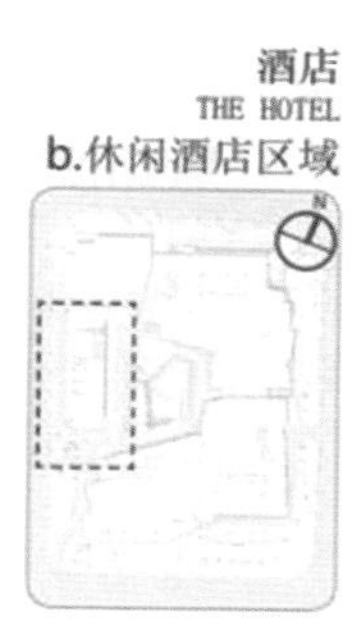

上海陆家嘴御桥科创园 04B-03 地块景观方案设计
SHANGHAI, LUJIAZUI, LANDSCAPE DESIGN YUQIAO KECHUANG PARK

3.9.10　酒店区域景观平面图

3.9.11　酒店入口 1

3.9.12　酒店入口 2

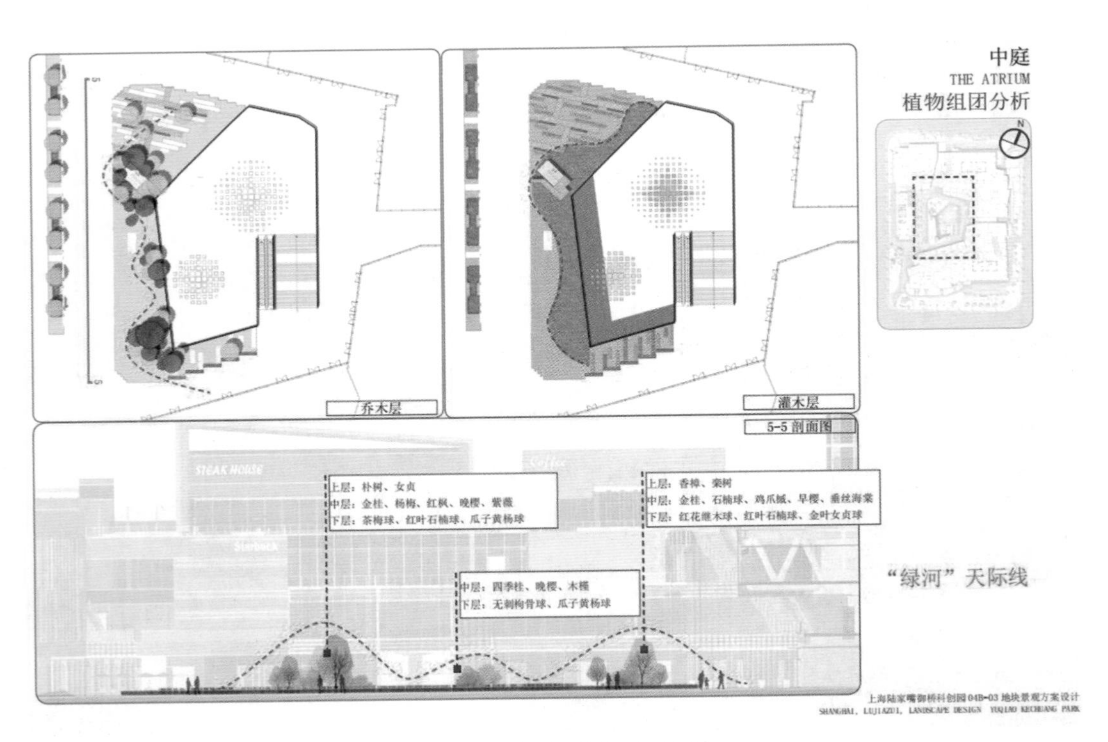

3.9.13　中庭景观平面图

3.9.14　中庭鸟瞰图

3.9.15　中庭首层景观

建筑与景观相互渗透，同时运用海绵城市设计，营造可持续性的弹性城市景观空间。圈层融合，使场地不再是单一的办公空间，而是具有温度的人文社区，以及能吸引人停留的场所。使用者可以根据自身的兴趣去寻找并发现不同的圈层，探索与领略属于自己的生活方式。

3.9.16 中庭下沉广场 1

3.9.17 中庭下沉广场 2

3.9.18 中庭下沉广场 3

3.9.19　下沉广场鸟瞰图

通过多维交通系统以及景观交通体系，如立体艺术廊道、慢性隧道、漂浮步道等，建立完善的交通网络，营造低碳可持续的良好生态环境体系，立足城市健康发展，共同畅想和谐美好的幸福生活。廊道景观空间与周边商务办公空间和生态休闲空间相互串联和渗透，提升交通便利性和生活幸福感。结合商务功能和多业态特点，营造灵活共享的户外休闲场景，打造集工作、生活、娱乐于一体的综合性绿色廊道。

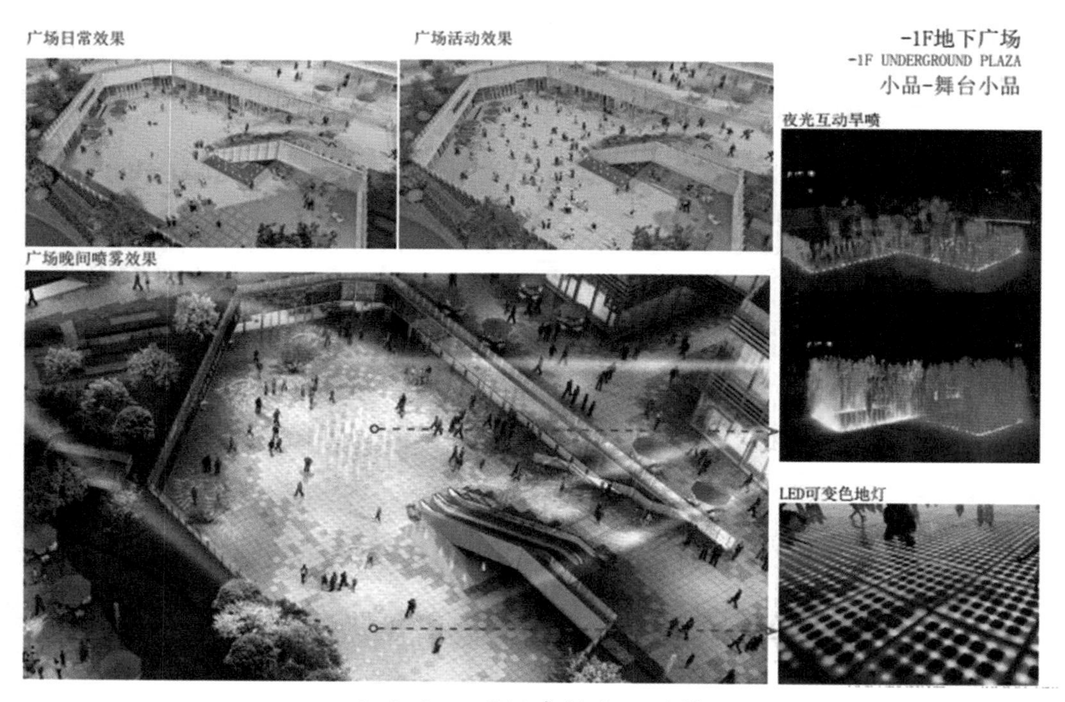

3.9.20　下沉广场小品设计

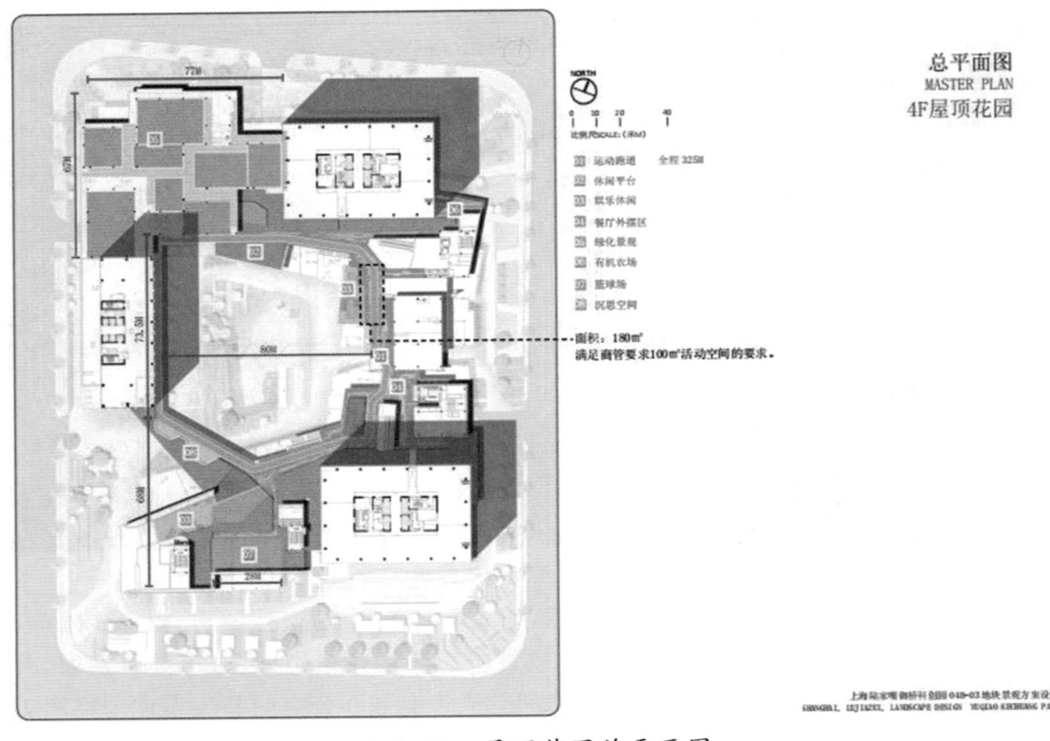

3.9.21 屋顶花园总平面图

具有现代格调的植物配置表现出层次简约、主次分明的特点，以草坪与规整的灌木、地被为主，搭配景观大树造景，力求运用简约的植物配置方式，营造开阔的景观视野。

3.9.22 屋顶花园景观

3.9.23 屋顶花园健康跑道

3.9.24 屋顶花园外摆

第四章
结　语

对于产城融合下的产业园办公景观设计，本书结合九个优秀项目的案例，总结归纳了产城融合背景下的产业园景观设计的理念、原则、策略与设计方法。产业园景观设计，可通过功能区的划分、景观的布局、节点的设计、植物的配置以及专项设计表达出来，并在设计的细节之处将企业的文化与精神渗透其中。

1. 归纳了产业园景观的特点，即区别于传统意义上单一、严肃、刻板的模式，体现出更多的功能性。在研究中全面分析了园区办公人员的特点及心理需求、沟通与交往的需求、释放压力与缓解疲劳的需求、私密与公共空间的需求以及向往自然的需求。

2. 根据案例分析，总结出产业融合背景下的产业园景观设计理念，结合企业员工心理需求分析，提出设计策略，采用引入与物流、象征与比喻、夸饰与静秀、替换与拼接等设计手法。

3. 在功能划分方面，从多样化角度出发，根据园区企业和员工的日常需求，对空间进行整合，根据功能类型将整个园区划分为办公区、居住区、运动区、休闲区等具体分区，以满足企业职工办公、休闲等的需求，实现园区的多功能性。

4. 在节点设计方面，遵循趣味性的原则，结合夸饰与静秀的符号学策略，通过运用丰富的颜色和形状的变化，为观赏者带来强烈的视觉冲击。在景观小品方面，配合具有趣味性的景观雕塑来增添新颖、活泼的气氛。

5. 在专项设计方面，通过植物种类的搭配形成特定空间的围合来表现不同的空间尺度，满足人们对于公共与私密空间的需求。如在座椅的设计中，根据合理的人性化尺度以及周围景观特征进行座椅的变形与创新，增加新颖感；在企业文化融入方面，运用象征与比喻的设计策略，灵活采用多种设计形式，将文化内涵渗透于景墙、铺装、雕塑等形式的细节设计之中，在景观雕塑设计中，除运用趣味性与互动性的雕塑外，还可在其中适当融入可以反映企业历史文化或精神内涵的典型事物；在景观灯的设计方面，也可以运用具有趣味性的小元素，于细节之处营造出轻松、愉快的氛围，舒缓员工们工作一天的压力与紧张的精神。

除此之外，也可以看到还有广大设计从业者在设计中需要注意的地方。

 第一节　产业园景观设计注意事项

景观设计绝不是简单地画一幅令人赏心悦目的山水画，它需要注意的事情很多。

我们首先要保证整个景观区的各项功能正常运转，还要考虑所有的景观设计都不能有安全方面的隐患。另外，成本控制和可持续发展问题也是必须考虑的。除此之外，在设计过程中，我们还应注意以下几点。

1.不要盲目模仿。

每一个作品都应该有其自身的风格及地方特色，以体现出这个景观的文化底蕴和历史内涵。虽然我们可以去借鉴甚至去模仿一些好的作品，但是这种模仿只应存在于思路层面。现在的情况是大江南北的景观，要么是田园风，要么是欧美范，没有一点新意，让人不免产生视觉疲劳。

2.不要放弃自然景观。

现在有一些景观过分地追求豪华，许多供人休息放松的公园硬是被设计出了故宫的感觉。人们漫步其中，没有一丝休闲放松的体验，反而产生一种庄重肃穆的感觉。这其实是不对的，我们在设计景观时一定要分清场合，大部分场合还是应以自然景观为主的。

3.要以人为本。

景观的目的终究是为人服务，是美化人的生活、陶冶人的情操等，所以无论是在景观的设计还是建设维护环节都要坚持以人为本的理念。怎样才是以人为本，用互联网行业的术语来讲就是“做好用户的体验度”，简单点说，就是怎样能让游客感到更舒服、我们就怎样做，这是我们设计的出发点。

第二节　产业园景观设计如何规划才能将生态与生活相结合

景观设计初始的目的是美化人们的生活环境，后来随着社会的发展以及人们需求的提升，方便人们生活以及符合生态保护的要求也逐渐成为景观设计的目标。因此，设计时，就要结合地形的特点来规划，使得原有的生态环境融合进产业园景观当中，同时做到满足休闲人群的观赏需求，这就对设计人员的水平有了更高的要求。

在考虑景观设计整体方案时，需要注意景观结构的设计，构成产业园景观的元素有很多种，将不同的元素按照相应的关系组合起来，具有层次感、分出主次结构是比较重要的。在考虑理论设计依据的同时，结合地形进行个性化规划，从主要元素出发，对次要元素进行合理地组合排列。另外，还要考虑整体动工时，对当地的生态的保护措施，不能以破坏生态为前提做改动和调整。

产业园景观设计里面还有一个比较重要的部分，那就是绿植设计。它需要依据总体规划来实现自然协调的绿植分布设计，同时还需要兼顾整体色调的合理规划，利用不同植物的颜色来增加趣味性，都是平衡实用与美观的重要内容。

本书只是基于个人的理解而阐释出的一些理念及设计方法，笔者还有很多需要学习的地方。产业园景观应用中涉及的理论颇多，包括凯文林奇的“城市印象”理论、人本主义哲学、景观生态学途径、建筑现象学、心理学、风景园林等众多学科，而本人的研究内容还不够充裕，仍存在许多不足之处，诚望得到专业人士的批评指正。

参考文献

[1] 杨旭.高密度科创产业园区立体化实践[M].北京:中国建筑工业出版社,2022.

[2] 礼森(中国)产业园区智库.中国产业园区新论 2021[M].北京:首都师范大学出版社,2022.

[3] 刘晓君.从零开始打造产业园区[M].天津:天津人民出版社,2021.

[4] 温娟,冯真真,孙蕊.产业园区绿色循环体系构建技术[M].北京:化学工业出版社,2020.

[5] 孙兆杰,徐俊辉,魏志谦.综合型产业园区规划研究与实践[M].天津:天津大学出版社,2020.

[6] 中电光谷.规划的变革[M].武汉:华中科技大学出版社,2020.

[7] 周瑜,刘春成."文化创意+"产城融合发展[M].北京:知识产权出版社,2019.

[8] 吴维海,葛占雷.产业园规划[M].北京:中国金融出版社,2015.

[9] 吴神赋.科技园建设的理论与实践[M].北京:经济科学出版社,2014.

[10] 王宁.科技创新空间营造探析[D].南京:东南大学,2017.

[11] 赵婉,徐钊,林立平.探析当今语境下的环境、空间、场所对环境设计的指导意义[J].艺术科技,2015(2):188-189.

[12] 闫立忠,产业服务平台.产业园的"前世今生"[EB/OL].2020.11.03 http://www.360doc.com/content/20/1103/14/7597514_943875822.shtml.